U0342245

农村生活垃圾区域
统筹处理模式及管理对策

张瑞娜　秦　峰　许碧君　赵由才　编著

北　京
冶　金　工　业　出　版　社
2019

内 容 提 要

本书共分5章，围绕农村人居环境整治、农村生活垃圾专项治理工作需求，以“区域统筹处理模式”和“管理对策”为重点进行系统分析，并提出相关建议。书中介绍了我国农村生活垃圾分类特点，分类干垃圾、湿垃圾的预处理和资源化处理技术，农村区域处理模式选择、管理机制和监管办法等，介绍了一些不同农村地区的应用案例。

本书可供环境工程、市政工程、城市规划专业的工程技术人员阅读，也可供各地环保局、城管局、环卫局、农业部门、街道和村镇管理部门以及环保投资机构的工作人员参考。

图书在版编目(CIP)数据

农村生活垃圾区域统筹处理模式及管理对策/张瑞娜等编著.
—北京：冶金工业出版社，2019.1
（实用农村环境保护知识丛书）
ISBN 978-7-5024-7974-9

Ⅰ.①农… Ⅱ.①张… Ⅲ.①农村—生活废物—垃圾处理—研究 Ⅳ.①X799.305

中国版本图书馆CIP数据核字（2018）第297815号

出 版 人 谭学余
地　　址 北京市东城区嵩祝院北巷39号 邮编 100009 电话 (010)64027926
网　　址 www.cnmip.com.cn 电子信箱 yjcbs@cnmip.com.cn
责任编辑 杨盈园 美术编辑 彭子赫 版式设计 孙跃红
责任校对 王永欣 责任印制 李玉山
ISBN 978-7-5024-7974-9
冶金工业出版社出版发行；各地新华书店经销；三河市双峰印刷装订有限公司印刷
2019年1月第1版，2019年1月第1次印刷
169mm×239mm；12.75印张；248千字；192页
44.00元
冶金工业出版社 投稿电话 (010)64027932 投稿信箱 tougao@cnmip.com.cn
冶金工业出版社营销中心 电话 (010)64044283 传真 (010)64027893
冶金工业出版社天猫旗舰店 yjgycbs.tmall.com
（本书如有印装质量问题，本社营销中心负责退换）

序　言

据有关统计资料介绍，目前中国大陆有县城1600多个：其中建制镇19000多个，农场690多个，自然村266万个（村民委员会所在地的行政村为56万个）。去除设市县级城市的人口和村镇人口到城市务工人员的数量，全国生活在村镇的人口超过8亿人。长期以来，我国一直主要是农耕社会，农村产生的废水（主要是人禽粪便）和废物（相当于现在的餐厨垃圾）都需要完全回用，但现有农村的环境问题有其特殊性，农村人口密度相对较小，而空间面积足够大，在有限的条件下，这些污染物，实际上确是可循环利用资源。

随着农村居民生活消费水平的提高，各种日用消费品和卫生健康药物等的广泛使用导致农村生活垃圾、污水逐年增加。大量生活垃圾和污水无序丢弃、随意排放或露天堆放，不仅占用土地，破坏景观，而且还传播疾病，污染地下水和地表水，对农村环境造成严重污染，影响环境卫生和居民健康。

生活垃圾、生活污水、病死动物、养殖污染、饮用水、建筑废物、污染土壤、农药污染、化肥污染、生物质、河道整治、土木建筑保护与维护、生活垃圾堆场修复等都是必须重视的农村环境改善和整治问题。为了使农村生活实现现代化，又能够保持干净整洁卫生美丽的基本要求，就必须重视科技进步，通过科技进步，避免或消除现代生活带来的消极影响。

多年来，国内外科技工作者、工程师和企业家们，通过艰苦努力和探索，提出了一系列解决农村环境污染的新技术新方法，并得到广泛应用。

鉴于此，我们组织了全国从事环保相关领域的科研工作者和工程技术人员编写了本套丛书，作者以自身的研发成果和科学技术实践为出发点，广泛借鉴、吸收国内外先进技术发展情况，以污染控制与资源化为两条主线，用完整的叙述体例，清晰的内容，图文并茂，阐述环境保护措施；同时，以工艺设计原理与应用实例相结合，全面系统地总结了我国农村环境保护领域的科技进展和应用技术实践成果，对促进我国农村生态文明建设，改善农村环境，实现城乡一体化，造福农村居民具有重要的实践意义。

赵由才

同济大学环境科学与工程学院

污染控制与资源化研究国家重点实验室

2018 年 8 月

前　言

为进一步贯彻落实国家乡村振兴战略，更加全面推进农村人居环境整治，做好农村生活垃圾专项治理工作的相关要求，本书以“农村生活垃圾区域统筹处理模式”和“农村生活垃圾管理对策”为重点进行了系统分析介绍。

在“农村生活垃圾区域统筹处理模式”方面，通过对农村生活垃圾组分、产量和分布特性，以及适宜的分类处理处置技术进行系统分析，构建了包括“就近就地处理”“城乡一体化处理”和“共存模式”三种分区分级村镇生活垃圾处理技术评价模型，针对不同类型的村镇提出适宜的处理模式。

在“农村生活垃圾管理对策”方面，梳理归纳了国外、国内农村生活垃圾治理的主要政策法规、标准规范，对当前我国农村生活垃圾治理监管体系中设施设备、治理技术、保洁队伍、监督制度和长效资金保障五方面举措进行了系统分析，并通过案例介绍了农村治理模式和实际经验。

本书由张瑞娜、秦峰、许碧君、赵由才编著。编写分工如下：上海环境卫生工程设计院有限公司袁国安、奚惠、张瑞娜编写第 1 章；上海环境卫生工程设计院有限公司张瑞娜、袁国安、胡绿品、张一凡，苏州嘉诺环境工程有限公司程勇、罗程亮编写第 2 章；上海环境卫生工程设计院有限公司许碧君、宋佳编写第 3 章；上海环境卫生工程设计院有限公司奚慧、许碧君、张瑞娜编写第 4 章；河海大学次翰林、上海环境集团股份有限公司秦峰编写第 5 章。

本书的编写工作得到了上海环境集团股份有限公司、上海环境卫生工程设计院有限公司、中国科学院广州能源研究所、苏州嘉诺环境工程有限公司的大力支持，在此表示感谢。

由于编者水平所限，书中若有不妥之处，欢迎读者在使用本书的过程中就相关内容提出宝贵意见和建议，以便我们今后加以修订。

作者

2018 年 9 月

目　　录

1 农村生活垃圾产生和区域分布特点

农村生活垃圾指农村人口在日常生活中或者为日常生活提供服务的活动中产生的固体废物以及法律、行政法规规定视为生活垃圾的固体废物，包括厨余垃圾等有机垃圾，纸类、塑料、金属、玻璃、织物等可回收废品，砖石、灰渣等不可回收垃圾，农药包装废弃物、日用小电子产品、废油漆、废灯管、废日用化学品和过期药品等危险废物。本章主要关注除危险废物以外的一般固体废弃物。

1.1 农村生活垃圾组成特性

1.1.1 典型农村生活垃圾物理组成

我国典型农村生活垃圾物理组成如图 1-1 所示，典型农村生活垃圾各组分含量差异较大，含量从高到低依次为厨余、渣土（包括灰土和砖瓦陶瓷类）、橡塑类、纸类、纺织类、玻璃类、竹木类、金属类、有害类，平均占比分别为 33.7%、30.5%、13.5%、10.7%、3.6%、3.3%、3.2%、0.9%、0.6%；且不同地区的农村生活垃圾物理组成差异也较大。需要指出的是，农村生活垃圾物理组成因不同区域的经济发展水平、生活习惯、气候条件及采样季节等不同变化较大，如厨余含量差异可达到 78%。

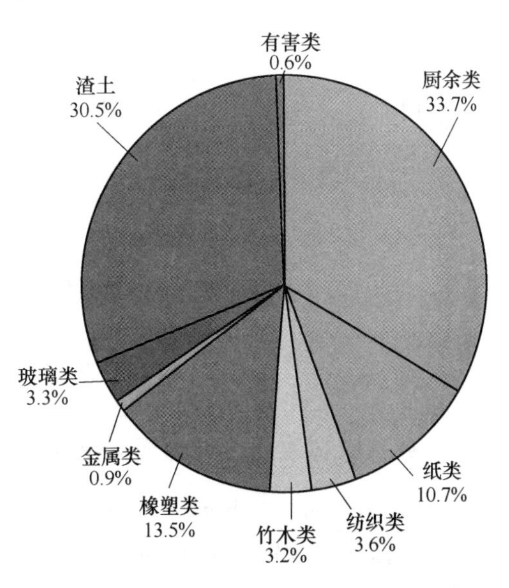

图 1-1 我国典型农村生活垃圾物理组成

图 1-2（a）、图 1-2（b）分别给出燃气区域和燃煤区域农村生活垃圾的物理组成。不同能源结构区域的农村生活垃圾组成中，厨余均为主要组成部分，在垃圾组成中占到 50%以上；燃气区域农村生活垃圾中的橡塑类、竹木类含量明显高于燃煤区域，其余组分含量均低于燃煤区域，其中渣土含量相对燃煤区域明显偏低。农村生活垃圾中的灰土垃圾主要由煤灰和扫地土组成，其

中煤灰是主要成分，由于燃煤区域农村炊事用能和冬季采暖依赖燃煤，使得灰土含量显著高于燃气区域农村生活垃圾。

图 1-2（c）、图 1-2（d）给出发达地区和中西部地区农村生活垃圾的物理组成。从图中可以看到，发达地区农村生活垃圾中厨余含量明显高于西部地区，均值分别为 50%和 30%；而渣土含量发达地区低于中西部地区，均值分别为 22%和 38%。经济发展水平对垃圾组成有着重要的影响。有研究表明，随着区域经济的发展，厨余类垃圾比例会有一定的上升，渣土类垃圾则不断下降，因此东西部农村生活垃圾的物理组成呈现出差异。

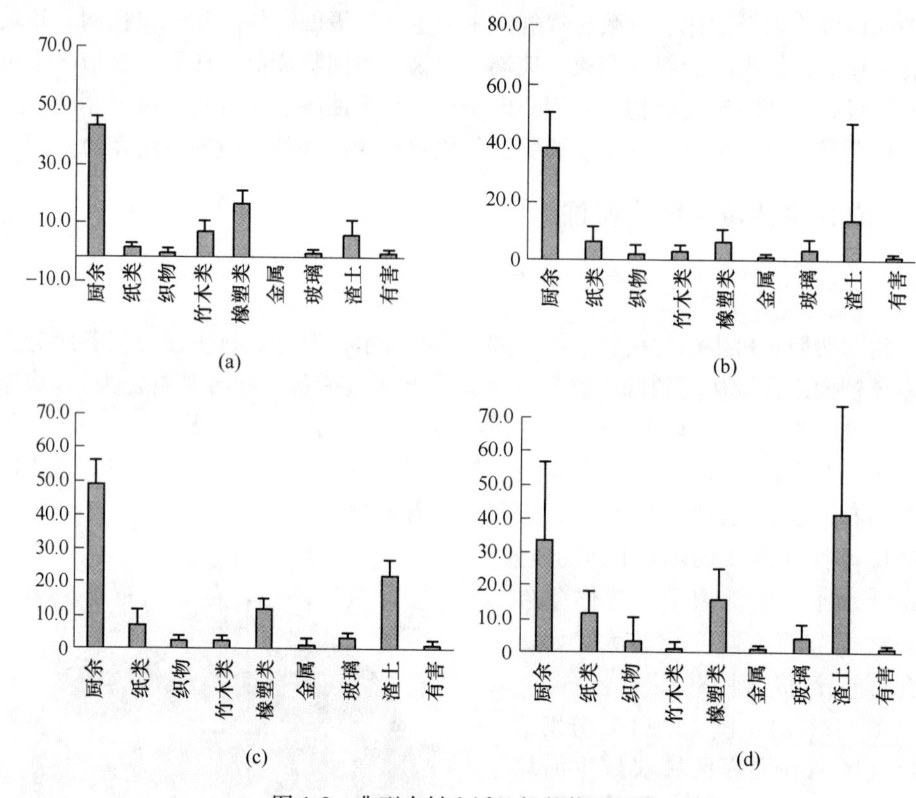

图 1-2　典型农村生活垃圾的物理组成

（a）燃气区域（东部农村）；（b）燃煤区域（东北地区）；

（c）发达地区（东部沿海）；（d）中西部地区（西部地区）

1.1.2　典型农村生活垃圾的理化特性

我国典型农村生活垃圾理化性质如图 1-3 所示，图中数据选取了全国约 70 个农村进行采样测得。从图中可以看到，不同地区农村生活垃圾容重差异较大，最高的是上海某村采样点，其容重为 533. 3kg/m^3；最低的是重庆市巴南区某村

采样点，其容重为77.8kg/m³。中国典型农村生活垃圾容重整体在180~280kg/m³之间，平均值为225.8kg/m³，低于典型生活垃圾的容重（250~500kg/m³）。垃圾含水率受垃圾的物理组成、气候条件、季节等影响较大，中国典型农村生活垃圾含水率差异较大，最高的是湖北麻城市某村，含水率为77.5%；最低的是重庆市某村，含水率为26.5%。中国典型农村生活垃圾含水率整体在45%~60%之间，平均值为55.7%，略高于生活垃圾含水率的均值（约50%）。湿基低位热值方面，热值最高的是上海市崇明县某村，其热值为10672kJ/kg；热值最低的是广东省南澳县某村，为1056kJ/kg。中国典型村镇生活垃圾湿基低位热值整体处于3500~4500kJ/kg之间，平均为4255kJ/kg，低于多数生活垃圾平均热值（3278~73734kJ/kg）。78.4%的农村生活垃圾热值高于焚烧最低要求值3360kJ/kg，但只有8.4%的农村生活垃圾热值高于焚烧推荐值6280kJ/kg。

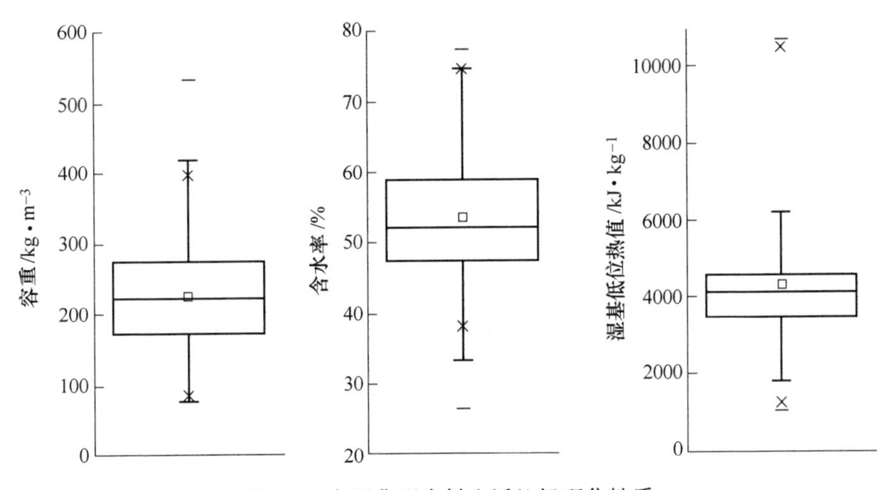

图1-3 中国典型农村生活垃圾理化性质

东部、中部、西部、东北地区村镇生活垃圾理化特性对比如图1-4所示。各地区之间村镇生活垃圾容重差异较大，东部、东北、中部、西部地区村镇垃圾容重平均值分别为245.52kg/m³、180.60kg/m³、254.43kg/m³、174.42kg/m³，各地区村镇垃圾容重变化与经济发展水平无明显关联，但东北和西部地区较其他地区明显偏低。村镇生活垃圾含水率在各地区之间差异较小，东部、东北、中部、西部地区村镇垃圾含水率平均值分别为55.04%、48.86%、55.44%、52.27%，但东部和西部地区的垃圾含水率变化范围明显大于东北和中部地区，可能是由于东部和西部地区跨越的范围较大，气候条件差异大，而导致地区内村镇生活垃圾含水率变化较大。

村镇生活垃圾湿基低位热值在各地区之间差异也较小，东部、东北、中部、西部地区村镇垃圾湿基低位热值平均值分别为4172kJ/kg、4140kJ/kg、4167kJ/kg、

4708kJ/kg。有研究表明，随经济发展水平的提高，生活垃圾热值也相应提高，村镇生活垃圾热值却表现出了相反的规律。通常随着经济发展水平的提高，生活垃圾中的纸类、橡塑类等高热值成分一般会有所增加，由于村镇生活垃圾中的这些成分比例并没有随着经济的发展增加，而厨余类含量增加了，使得热值呈现出下降的规律。此外，东部和西部地区的垃圾热值变化范围也明显大于其他两个地区，其原因可能和造成含水率的差异的原因类似。

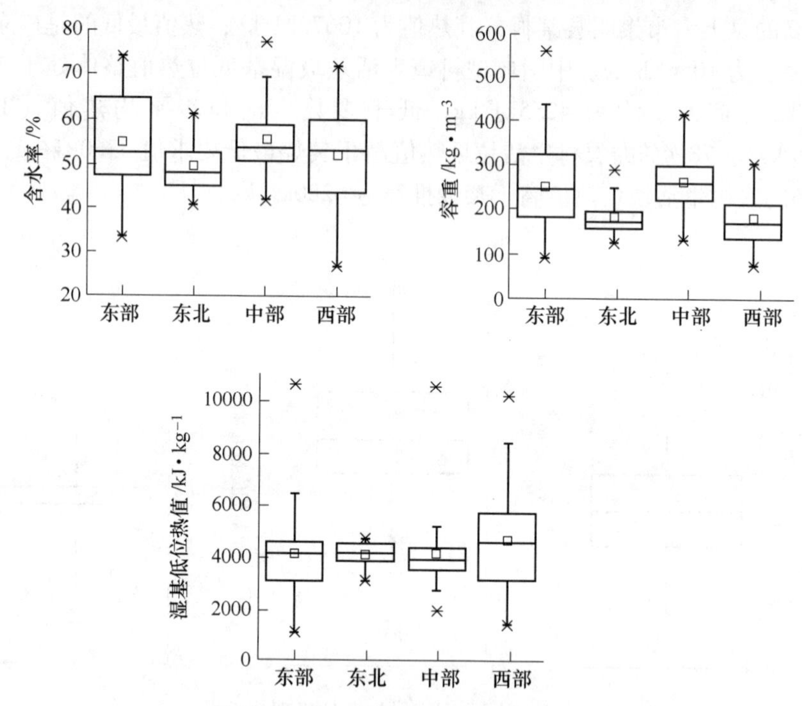

图 1-4　不同经济区域农村生活垃圾理化性质对比

1.2　农村生活垃圾产量及区域分布特点

1.2.1　中国农村区域分布和生活垃圾排放特点

中国是农业大国，农村区域占国土面积的90%，农民占全国人口的70%。我国农村人口居住相对分散，农村居民的生活水平普遍低于城市，因而产生的生活垃圾也较分散，加上农村地区将废旧物资回收利用，产生的生活垃圾量就会相对较少。但近年来卫生部公布的一项调查显示，随着农村居民生活水平的提高，中国农村每天每人生活垃圾量为 0. 86kg，全国农村每年生活垃圾量约为 3 亿吨，约占城市生活垃圾产生量的 75%，并且保持以每年 8%～10%的速度不断增长。除了农村地区的垃圾量明显增加外，垃圾的种类更加复杂，但农村居民仍保持着原

始的垃圾排放和处理方式，造成环境的破坏，危害人们身体健康。

农村地区的垃圾排放量受区域因素的影响存在一定的差异，全国不同地区的农村居民生活特性差异较大，有些农村居住集中，有些相对分散；也有些农村以非农业产业为主，有些农村以纯农业产业为主；有些农村地处平原，有些则位于丘陵或高原地带，这些因素均会对农村生活垃圾产生量带来影响。

1.2.1.1 不同产业类型农村生活垃圾排放特点

传统的农村类型划分依据产业类型，将农村划分为农业型、工业型、城郊型、综合型农村，也可以依据农村居民从事的主要劳动将农村划分为纯农户、农业兼业户、非农兼业户、非农户四种类型农村。农业型农村对应的劳动类型为纯农户，农民仅依靠务农作为收入来源；工业型农村基本为非农户劳动型农村，村民不再靠务农为生，而是直接从事第二、第三产业；城郊型和综合型的农村居民从事的劳动包括第一、第二、第三产业，属于混合型。以北京地区为例，纯农户、农业兼业户、非农兼业户、非农户四种典型户的人均生活垃圾产生量分别为0.335kg/(人·d)、0.404kg/(人·d)、0.415kg/(人·d)、0.351kg/(人·d)，很明显非农兼业户的人均生活垃圾产生率最高，纯农户的人均产生率最低。这主要与居民的经济水平有关，纯农户的养殖收入较高，其生活垃圾中的厨余垃圾由自家的畜禽养殖消纳，因而产生的垃圾量较少；非农兼业户的收入较高，居民的消费水平也相应增加，导致末端产生的生活垃圾量也较大。

1.2.1.2 不同地形农村生活垃圾排放特点

依据地形可以将农村分为平原地区农村和丘陵地区农村，平原地区的农村经济相对优于丘陵地区，地形对经济的发展也具有重要的制约性。有学者对成都平原地区与丘陵山区农村生活垃圾产生率进行了调查，结果显示，丘陵地区人均日产量为0.194kg/(人·d)，平原地区人均日产量为0.34kg/(人·d)；而在云贵高原地区，农村生活垃圾产生量为0.16kg/(人·d)，总体来看，平原地区农村生活垃圾产生量显著高于丘陵地区和高原地区，这可能是因为地形因素导致产业不同，居民出行的交通方式也不同，由此带来的生活水平也出现差异。

1.2.1.3 不同地域农村垃圾排放特点

不同地区农村垃圾的主要组分略有差异。在西部地区，成渝统筹区农村生活垃圾组分以厨余垃圾为主，其次为包装纸和塑料包装袋，其他成分含量相对较低。在贵州，农村生活垃圾的主要组分包括厨余（49.39%）、塑料（11.45%）、灰土（10.65%）、纸类（9.99%），厨余类占比最大，其次为塑料类；四川农村生活垃圾的主要组成同样以厨余垃圾为主（53.37%），占比超过50%，其次为灰

土（14.91%）、纸类（10.07%）和竹木（9.26%）；陕西农村生活垃圾主要组成成分与贵州相同，厨余（39.54%）、灰土（25.97%）、纸类（10.37%）、塑料（8.63%），但灰土的占比较高；而在内蒙古，除了厨余（38.86%）、灰土（18.93%）、纸类（15.33%）外，纺织类占比也较高（9.28%）；广西的农村生活垃圾组分也以厨余（50.36%）、灰土（32.20%）、塑料（7.63%）、纸类（7.55%）为主。这些地区农村生活垃圾组分表明，中国西部农村生活垃圾组分以厨余类、灰土、塑料和纸类为主，且厨余>灰土>塑料>纸类。

在东部地区，广东农村生活垃圾以厨余（62.62%）、纸类（8.16%）、纺织（7.42%）、玻璃（3.47%）为主，且厨余类占比最高；江苏地区农村生活垃圾同样以厨余（51.68%）类为主，其次为塑料（14.54%）、砖瓦陶瓷（11.76%）、纸类（8.82%）；浙江省农村生活垃圾组成中厨余占55%，塑料占15%，果皮占14%，纸类占9%，玻璃占4%，金属占1%，其他占2%。而在东部偏北地区的北京，其农村生活垃圾的主要成分是灰土（57.47%）、厨余（36.28%）、塑料（5.48%）、纸类（3.94%），灰土占比超过50%。多数东部地区农村生活垃圾以厨余垃圾为主，其次为可回收物部分，包括塑料、纸类等，而在偏北的东部农村地区，灰土占比最大，其次为厨余垃圾。

从南北区域特征来看，南方地区的农村生活垃圾主要以厨余为主，占垃圾总量的43.56%，其次是渣土，占垃圾总量的26.56%；北方主要以渣土为主，占垃圾总量的64.52%，其次是厨余，占垃圾总量的25.69%，其他组分含量两地区均在10%以下。有研究表明，南方生活垃圾中厨余组分是北方的1.7倍，渣土仅为北方的0.41倍，其他组分如金属、玻璃和布类含量基本相当，纸张和塑料南方略高于北方。

不同地区农村生活垃圾的组成成分存在较大的差别，这主要与当地农村的经济水平、生活习惯、地理特征、燃料类型、气体化比例、水冲卫厕、家庭畜禽养殖情况等因素有关。经济较发达的农村以纸类、玻璃、金属等可回收组分为主，这是因为他们使用较多的有包装物的产品，而经济较落后的农村则以渣土、砖瓦成分为主；南方生活垃圾以厨余有机垃圾为主，北方以渣土灰分为主；养殖畜禽的家庭生活垃圾中厨余组分低于没有养殖畜禽的家庭，主要是因为厨余垃圾可以通过畜禽养殖自我消纳掉；务农户的厨余垃圾量高于非务农户，这是因为务农户副食品以自给自足为主，较少购买集贸市场上的蔬菜，因此在净菜过程中产生的厨余垃圾较食用市购蔬菜的非务农户多；使用柴灶的农村居民可燃垃圾组分低于使用天然气的居民，同时也会导致其灰渣成分高于使用天然气的居民。

1.2.1.4 不同地域类型农村生活垃圾排放特点

随着经济的发展，我国农村地区的经济结构也在不断发生变化。为了更加准

确地体现我国不同地区农村之间差异，现有研究基于发展水平、产业结构、发展潜力、市场化与对外交流以及发展速度这五大指标重新划分农村地域类型。依据不同分析将我国农村分为六大地域类型：

（1）现代化农村地域类型。以上海市农村为代表，农村社会经济发展水平很高，农村产业结构中，第一产业的比重非常小，第二、第三产业占绝对主导地位，在农村社会总产值中所占的比重在95%以上；农村基础设施非常发达，基本上已实现了农村现代化。

（2）发达农村地域类型。包括北京、天津、江苏、浙江、福建、广东、辽宁、山东8省市，地处东部沿海经济发达地区，农村社会经济发展水平较高，也是我国改革开放以来农村经济发展最快的地区；农村经济非农化程度高，第二、第三产业占80%左右；市场化与外向型农业较发达。

（3）农业为主、中等发达农村地域类型。包括新疆、海南、内蒙古、黑龙江、吉林5省区。该类型的突出特点是农业资源丰富，农村第一产业比重较高，同时农业发展的市场化程度也较高。

（4）非农产业发展较快、中等发达农村地域类型。包括山西、河北、河南、安徽、湖南、湖北、广西、云南8省区。农村经济发展水平位居全国中等。大农业有一定的基础，近年来，农村非农产业有了一定的发展，在农村经济中已占据半壁江山；但农村外向型经济市场化程度不高。

（5）欠发达农村地域类型。包括陕西、甘肃、宁夏、四川、重庆、贵州、江西7省市。绝大部分位于我国西部地区。农村总体发展水平较低，结构仍以农业为主，非农产业起步晚，近年来虽然有了一定的发展，但非农化程度仍较低；农村基础设施差，市场化程度低；农村整体发展速度较慢。

（6）不发达农村地域类型。包括西藏、青海2省区。是全国农村发展水平最低的地区，也是改革开放以来农村发展最慢的地区。第一产业在农村经济中占主导地位，农村第二、第三产业非常落后；农业资源，特别是水、草、林潜力较大；但农村基础设施非常落后，农业市场化程度很低。

从不同地域类型农村居民产生的垃圾量来看，以现代化农村地域类型为主的上海人均生活垃圾产生量达到1.253kg/(人·d)；以发达农村地域类型为主的镇江市村镇生活垃圾的人均产生量为0.198kg/(人·d)，沈阳市郊区典型农村的人均垃圾产生量在0.750~2.29kg/(人·d)范围内，北京郊区农村地区居民的生活垃圾平均产生量为0.379kg/(人·d)；以农业为主、中等发达农村地域类型的内蒙古地区典型农村生活垃圾产生量为0.095kg/(人·d)；以非农产业发展较快、中等发达农村地域类型为主的湖北省三峡库区部分县的农村生活垃圾人均日产量为0.743kg/(人·d)，河南地区农村生活垃圾产生量人均在0.71kg/(人·d)左右；以欠发达农村地域类型为主的东江源经济水平较好的县级村平均生活垃圾产生量为0.36kg/(人·d)，城乡接合部的镇级村平均生活垃圾产生量为0.29kg/(人·d)，经济水平较低的村庄平均生活垃圾产生量为0.17kg/(人·d)，成都周边农村人均垃圾日产量在0.059~0.407kg/(人·d)，平均为0.23kg/(人·d)，四川农村人均垃圾日产量为0.227kg/(人·d)；不发达农村地域类型的西藏农村人均垃圾日产量为0.099kg/(人·d)。比较来看，现代化农村生活垃圾产生量最大，其次为发达农村、欠发达农村，以及非农产业发展较快、中等发达农村，农业为主、中等发达农村和不发达农村生活垃圾产生量较低。

1.2.2 典型农村生活垃圾产生量

目前已有较多学者对全国不同地区的农村生活垃圾产生量进行了调研，不同地区农村生活垃圾的产生量受多种因素综合影响差异较大。本书选取几个典型的农村综述其生活垃圾产生量。

1.2.2.1 西南地区

我国西南地区包括四川省、云南省、贵州省、西藏自治区和重庆市。2012年3~8月，在四川省元坝区、泸县、九寨沟县和马尔康市，云南省建水县，贵州省道真县，西藏自治区曲水县、扎囊县和贡嘎县随机选取22个自然村的221户农户进行调研，采集48h内产生的生活垃圾。结合文献调研四川省龙泉驿区、温江区，重庆市长寿县、巴南县、江津市和垫江县的农村生活垃圾产量情况。调查发现西南地区农村留守家庭较多，受访者以中、老年人为主，文化水平普遍不高，家庭收入主要来自务工和种植收入，绝大部分家庭年收入在3万元以下，日常生活用能以电和柴为主。调查村生活垃圾人均产生量介于0.034~0.395kg/(人·d)之间，平均值为0.141kg/(人·d)，显著低于国内其他地区，这主要是受到不同地区经济发展水平、能源结构、地形气候、生活和消费习惯等差异的影响。

1.2.2.2 内蒙古

内蒙古属于干旱草原沙漠地区，其农村地区的生活垃圾产生量与产生特征与经济发达地区不同。以内蒙古宁城县、林西县、开鲁县为例，研究其农村地区生活垃圾产生量。宁城县总人口6121440人，农业人口525724人，位于内蒙古东部和赤峰市最南部，地处辽宁、河北、内蒙古3省区交界处，燕山山脉东段北缘，地势西高东低，气温高，降水偏少；林西县总人口239716人，非农业人口59316人，地势由西北向东南倾斜，形成了北高、南低的中、低山区地貌形态，属半干旱大陆性季风气候区，冬季漫长且寒冷，夏季短暂而温热；开鲁县全县人口约39万人，位于内蒙古通辽市西部，地处西辽河冲积平原西部，地貌成因属堆积类型，属大陆性温带半干旱季风气候区，年均降雨量较少。研究从每个县随

机抽取 3 个乡镇，每个乡镇随机抽取 3 个村，每个村随机抽取 5 户开展调查，于 2014 年 3~5 月对随机选取的农户进行连续 6 天的调查。调查数据分析显示，内蒙古地区典型农村生活垃圾产生量为 0.095kg/(人·d)。

1.2.2.3 河南

以河南省新郑市龙湖镇、孟庄镇、郭店镇、城关乡等乡镇部分村庄为调研对象，通过实地考察、随机访问、问卷调查等方法对这些区域农村生活垃圾产生量进行调查。研究发现，每周家庭产生的垃圾量在 11~20kg 的家庭占 28.43%，产生量在 21~30kg 的占 34.26%，产生量在 31~40kg 的占 20.32%，产生量大于 40kg 的占 9.34%。总体来看，河南地区农村生活垃圾产生量人均在 0.71kg/(人·d) 左右。

1.2.2.4 河北

河北省位于北京和天津两大城市的有效辐射范围内，区位优势明显，处于京津冀的核心位置。现辖 11 个地级市、108 个县，是中国唯一兼具高原、山地、丘陵、平原、湖泊和海滨的省份。于 2014 年 7 月~2015 年 3 月调研河北省 10 个地级市的 29 个县的 69 个村生活垃圾产生量，涉及的农村主要有：保定市涞水县、曲阳县、顺平县、徐水县、易县，承德市隆化县、平泉县，邯郸市广平县、曲周县，衡水市安平县、故城县、武邑县，廊坊市三河市，秦皇岛市卢龙县，石家庄市栾城县、深泽县、元氏县、赞皇县、赵县，唐山市滦县、迁西县，邢台市临城县、临西县、内丘县、宁晋县、清河县、沙河县，张家口市怀来县。数据结果表明：河北省农村生活垃圾日人均产生量介于 0.38~1.19kg/(人·d) 之间，平均值为 0.78kg/(人·d)。在所调查的 10 个城市中，邯郸、张家口、邢台三个地区的人均垃圾产生量较高，均大于 0.90kg/(人·d)；廊坊和唐山两地的农村垃圾产生量较低，均低于 0.40kg/(人·d)。

1.2.2.5 重庆

重庆位于长江上游，是我国中西部地区唯一的直辖市。2014 年 3~6 月对江津区的凉河村、鸳鸯村、燕坝村，2014 年 3~8 月对巴南区武新村进行农村生活垃圾调查，从每个村随机抽取 10 户人家，每月对各个农户连续 3 天的日常生活垃圾入户调查，分析农村生活垃圾产生量。凉河村属于“新农村社区”集中型村落，地处慈云西面，距离江津城区 30km，面积为 6.7km^2，总人口 4101 人；燕坝村属于传统分散型村落，位于江津区龙华镇西南部 8km，距离江津城区 16km，占地面积为 14.7km^2，总人口 6311 人；鸳鸯村属于传统农业型村落，分散型的村落，位于蔡家镇的北部，面积为 16.5km^2，总人口 6800 人；武新村属于产业协同型聚居点的集中型村落，位于重庆市巴南区界石镇，占地面积为 10.64km^2，总人口5600人。研究发现重庆武新村、燕坝村、鸳鸯村、凉河村的人均垃圾产生量分别为0.282kg/(人·d)、0.286kg/(人·d)、0.217kg/(人·d)、0.226kg/(人·d)，武新村和燕坝村的经济发展水平较高，其生活垃圾人均日产量高于鸳鸯村和凉河村。

1.2.2.6 镇江市

世业镇位于江苏省镇江市西郊，南濒镇江市区，北临扬州仪征，四面环江，该镇总面积44.00km^2，其中镇域面积为4.40km^2。该区域属亚热带季风性湿润气候，夏季高温多雨，冬季温和。2012年，该镇共设5个行政村，常住人口14200人，其中集镇人口约4000人。该镇人口密度约为323人/km^2（包括集镇人口），现有耕地3万余亩。该镇第一产业以农业、种植业和淡水养殖业为主，第二产业以手工和简单机械作业居多，第三产业大力发展劳务输出、运输和零售服务。世业镇村镇生活垃圾人均产生量为0.198kg/(人·d)，各行政村及集镇之间的生活垃圾人均产生量有一定幅度的变化，主要与居民的生活习惯、从业状况、劳动力状况等因素有关。

1.2.2.7 太湖

太湖流域位于长江三角洲，地跨苏、浙、皖、沪，区域内包括上海市、杭州、苏州、无锡、常州、嘉兴、湖州等7个大中城市和31个县，是我国乡镇工业的发源地。以位于太湖之滨的宜兴市大浦镇渭渎村为研究对象，从2004年3月~2005年2月采用现场调研方式对农村生活垃圾产生量进行分析。渭渎行政村位于江苏省宜兴市大浦镇东南角，距宜兴市20km，东临太湖，含朱渭、漳渎、良心渎和朱家村4个自然村。全村有779户，24个村民小组，共2260人。分析发现，渭渎村的平均日产垃圾总量为343.18kg，人均0.15kg/(人·d)，低于浙江省农村地区人均生活垃圾产量。

1.2.3 典型农村生活垃圾产生量的区域分布情况

上一小节描述了中国不同区域几个典型农村生活垃圾产生量，本小节针对不同农村生活垃圾产生量，分析其区域分布特点。我国不同区域农村生活垃圾产生量见表1-2（东部、中部和西部）和表1-3（南方和北方），全国农村平均生活垃圾产生量为0.649kg/(人·d)，上海农村生活垃圾产生量最高，达到1.253kg/(人·d)，贵州农村生活垃圾产生量最低，仅有0.093kg/(人·d)，呈现13.5倍的关系。不同地区农村生活垃圾产生量受地区经济、人口分布、生活方式等因素影响呈现明显的差异性，其中东部为0.86kg/(人·d)，中部为0.81kg/(人·d)，西部为0.41kg/(人·d)，呈现东部高于中部高于西部的区域分布特点，经济发达地

区的农村生活垃圾产量显著高于经济欠发达地区。我国南方生活垃圾人均日产生量为0.57kg/(人·d)，北方为0.76kg/(人·d)，北方高于南方，这可能是由于北方能源结构异于南方，北方的气化率低于南方，居民燃烧较多的煤炭等能源取暖、做饭等，而南方以电和气作为主要能源。所采用的中国地域划分见表1-1。

表1-1 所采用的中国地域划分

区域划分	包含的省（市）
东部	北京、天津、河北、辽宁、上海、江苏、浙江、福建、山东、广东、海南
中部	安徽、河南、江西、湖南、湖北
西部	重庆、广西、陕西、四川、甘肃、云南、青海
南方	上海、江苏、浙江、福建、湖南、湖北、海南、四川、云南、安徽、江西、重庆、广西、广东
北方	北京、天津、河北、辽宁、陕西、河南、甘肃、青海、山东

表1-2 中国东、中、西部农村生活垃圾产生量

地区		生活垃圾产生量/kg·(人·d)$^{-1}$
全国		0.649
东部	北京	0.958
	天津	1.226
	河北	0.890
	辽宁	1.042
	上海	1.253
	江苏	0.451
	浙江	0.611
	福建	0.775
	山东	1.003
	广东	0.561
	海南	0.641
中部	山西	1.000
	吉林	1.210
	黑龙江	0.394
	安徽	0.532
	江西	0.426
	河南	1.000
	湖北	0.743
	湖南	1.195

续表 1-2

地 区		生活垃圾产生量/kg·(人·d)$^{-1}$
西部	四川	0.381
	重庆	0.587
	贵州	0.093
	云南	0.389
	西藏	0.099
	陕西	0.358
	甘肃	0.208
	青海	0.805
	内蒙古	1.061
	广西	0.412
	宁夏	0.357
	新疆	0.195

表 1-3 中国南、北方农村生活垃圾产生量

地 区		生活垃圾产生量/kg·(人·d)$^{-1}$
全国		0.649
北方	北京	0.958
	天津	1.226
	内蒙古	1.061
	河北	0.890
	辽宁	1.042
	山东	1.003
	山西	1.000
	吉林	1.210
	黑龙江	0.394
	安徽	0.532
	新疆	0.195
	甘肃	0.208
	宁夏	0.357
	陕西	0.358
	青海	0.805
	河南	1.000

续表 1-3

地 区		生活垃圾产生量/kg·(人·d)$^{-1}$
南方	广东	0.561
	海南	0.641
	江西	0.426
	湖北	0.743
	湖南	1.195
	四川	0.381
	重庆	0.587
	贵州	0.093
	云南	0.389
	西藏	0.099
	上海	1.253
	江苏	0.451
	浙江	0.611
	福建	0.775
	广西	0.412

也有学者针对中国西部（内蒙古、陕西、贵州、四川、广西）的农村进行了问卷调查和实地调研，分析发现西部农村生活垃圾人均产量为 0.095～0.32kg/(人·d)，平均值为 0.193kg/(人·d)。尽管该研究的调查数据低于其他学者的研究，但总体来看，西部地区农村生活垃圾产生量是低于东部和中部的。

总体来说，不同地区农村生活垃圾产生量受人均收入、家庭人口规模、产业结构、消费结构、家庭畜禽养殖情况、务农比例、卫厕用纸和柴灶的使用率等多个因素影响。具体表现为：(1) 人均收入与生活垃圾产生量的关系。经济增长、刺激消费，对生活垃圾产生量有增量效应。但国外有学者研究发现，收入与垃圾产生量并不总是呈正相关关系，一般情况下，人均收入增加垃圾量也会增加，当收入增加到一定水平时，收入进一步提高垃圾产生量几乎没什么变化，而随着收入的再提高，垃圾产生量反而会减少。(2) 家庭人口规模会影响该家庭的人均垃圾产生量。人口越多，人均垃圾产生量就越少。(3) 产业结构与生活垃圾产生量的关系。旅游景区周边的农村生活垃圾产生量高于单纯务农居民的生活垃圾产生量，从事综合型产业的农村生活垃圾产生量高于纯务农居民的生活垃圾产生量。

1.3 与城市生活垃圾产生情况的异同点

1.3.1 农村与城市生活垃圾组分差异

1.3.1.1 农村地区生活垃圾组分特征

改革开放初期，农村生活垃圾组分以厨房剩余物和粮食蔬菜残渣为主，农村居民又多饲养畜禽，因此这些生活垃圾绝大部分可以通过家畜家禽消纳掉。随着经济的发展，乡镇工业、商品流通业进入我国农村，农村经济方式从纯粹的农业经济转变为综合型经济，也导致农村居民生活水平及方式、消费观念发生着转变，从而导致农村生活垃圾成分发生变化。

农村地区的生活垃圾按物理组分一般分为厨余垃圾（剩菜剩饭、果皮菜叶等）、灰土、塑料（各种矿泉水瓶、餐具、牙刷、牙膏皮、塑料杯子和塑料包装物、塑料袋、一次性塑料餐盒等）、纸类（纸盒、办公用纸、广告纸、图书、期刊、报纸、各种包装纸等）、玻璃、金属、纺织（洗脸巾、桌布、废弃衣服、书包、布鞋等）、竹木、砖瓦陶瓷、有害垃圾（各种农药瓶、废日光灯管、废电池、废水银温度计、过期药品等）10 类。研究发现，农村地区的组分以厨余、可燃、灰土与建筑垃圾为主。

1.3.1.2 城市地区生活垃圾组分特征

城市生活垃圾种类繁多、成分复杂，分类方式也多样化。近年来，城市生活垃圾产量的增长速度变缓，垃圾组分也随着能源结构、经济发展水平等因素不断变化，多数城市垃圾组分中有机物含量高于 50%，且无机物含量不断下降。

典型城市生活垃圾组分见表 1-4。所有选取的城市中，厨余类生活垃圾占比最高，在 38. 30%~68. 17%范围内，其中上海市厨余垃圾占比最高，苏州市次之。占比排列第二的生活垃圾组分为纸类和塑料类，除了乌鲁木齐外，其他城市的纸类和塑料类占比均在 10%~20%左右。调查南京市城市居民发现，生活垃圾中厨余垃圾占比大于 50%，其次为塑料、纸类、玻璃等可回收物。深圳市城市生活垃圾中含量最高的为厨余，含量为 44. 10%，其次为橡塑和纸类，分别为 21. 72%和 15. 34%。

总体来看，城市生活垃圾中厨余垃圾含量最高，其次为纸类和塑料类。

1.3.1.3 农村与城市生活垃圾组分比较

农村生活垃圾组分与城市生活垃圾组分受经济发展水平、居民消费观念等多因素影响存在差异。在北方，以北京市为例，北京城市中厨余占比最大（48%），其次为纸类（18. 28%），塑料占 10. 29%；而北京农村地区生活垃圾中灰土占比

表 1-4 不同城市生活垃圾各组分占比

城市	各组分比例/%							
	厨余	纸类	塑料	玻璃	金属	纺织物	木材	其他
北京	48.00	18.28	10.29	2.30	0.26	1.83	2.00	17.04
上海	68.17	9.11	13.26	3.33	0.86	2.91	1.26	1.12
重庆	59.20	10.10	15.80	3.40	1.10	6.10	4.20	0.10
杭州	64.48	6.71	10.12	2.02	0.31	1.22	0.05	15.09
成都	47.06	15.76	14.98	0.73	1.01	1.72	0.00	18.74
大连	41.90	8.76	18.57	4.98	0.61	1.98	0.00	23.20
苏州	62.63	10.89	18.59	1.96	0.24	4.18	0.86	0.65
乌鲁木齐	75.95	2.41	5.37	2.41	0.75	4.19	2.53	6.39
香港	38.30	24.30	18.90	4.30	2.40	3.30	4.30	4.00

最大（57.47%），其次为厨余（36.28%），塑料（5.48%）和纸类（3.94%）次之，农村地区生活垃圾中纸、塑料、厨余垃圾的含量均明显低于城市，而灰土的含量远高于城市。在南方，以浙江省为例，浙江省杭州市城市生活垃圾中厨余占比高达 64.48%，其次为塑料（10.12%），纸类占 6.71%；而在浙江的农村地区，厨余占 55%，塑料占 15%，果皮占 14%，纸类占 9%，浙江省城市和农村生活垃圾组分差异不大，均以厨余类为主，且每类垃圾组分占生活垃圾的比例也没有明显的差异。比较看来，农村地区居民生活垃圾中的橡塑类和纸类远不及城市居民产生的多，灰土含量显著高于城市。

不同地区城市和农村的生活垃圾组分差异并不具有统一的特征规律，而造成城乡生活垃圾成分差异的主要因素有区域经济条件、生活习惯、燃料结构和住房类型等。农村地区人均收入显著低于城市地区，经济水平相对落后，生活垃圾中可回收物和有机物含量均低于城区垃圾。农村生活垃圾中的灰土垃圾主要由煤灰和扫地土组成，其中煤灰是主要成分，由于农村炊事用能和冬季采暖依赖燃煤，使得灰土含量显著高于城区垃圾。

随着时间变化，城市生活垃圾各组分的占比不断变化，江苏省城市生活垃圾厨余占比最大（45%~50%），但随着时间占比在逐渐降低；其次占比较大的为碴石（22%~27%），也随着时间占比有所降低；而生活垃圾中纸类和塑料类的占比逐年升高。北京市城市地区厨余垃圾占比最大，但比例逐年下降；其次为塑料和纸类，比例有所增加；灰土的比例较大，随着时间占比有所降低。农村地区生活垃圾的组成结构和比例也在发生变化，农村地区生活垃圾的组分随着时间的变化趋势表现为：厨余垃圾相对减少、废旧家具及工业消费品增加，产品包装与应用材料（如纸、金属、玻璃等可回收垃圾）成分增多，电池、油漆等危险品产量增长缓慢。随着经济的发展，农村地区居民的垃圾组分越趋向于城市生活垃圾的组分。

1.3.2 生活垃圾产生量和区域分布差异

我国农村地区生活垃圾产生量低于城市地区，按照国家统计局数据计算得出，2014 年我国农村地区生活垃圾产生量为 1.45 亿吨，城市生活垃圾清运量为 1.79 亿吨，农村生活垃圾的产生量约为城市生活垃圾的 81%。目前农村的生活垃圾产生量增长速度达到 8%~10%，城市生活垃圾的产生量增速远大于农村。也有研究显示，我国农村生活垃圾人均产生量为 0.76kg/(人·d)，而城镇约为 0.77kg/(人·d)，农村地区人均生活垃圾产生量略低于城镇。调查结果显示，有 49.84%的农村居民将生活垃圾中的厨余类用来喂禽畜，这可能是农村生活垃圾人均产生量低于城市居民的一个重要因素。但随着经济的快速发展，农民生活水平不断提高，人们的消费结构将发生巨大变化，农村生活垃圾产生量将不断增加，逐渐接近城市水平。

也有学者于 2015 年对我国 16 个省市 613 户农户的生活垃圾量进行统计，发现我国典型村镇生活垃圾人均产生量为 0.01~6.50kg/(人·d)，平均为 0.64kg/(人·d)。根据 2014 年中国城市生活垃圾产生量和城区人口计算得出，2014 年我国城市生活垃圾人均日产生量为 1.10kg/(人·d)，农村地区居民人均生活垃圾产生量明显低于城市地区。

从不同地区城市居民生活垃圾人均产生量来看，济南市城市居民生活垃圾平均产量为 1.12kg/(人·d)（2014 年）。徐州市城市居民人均垃圾产量为 0.62kg/(人·d)（2002 年），经测 2010 年为 0.97kg/(人·d)。上海 2017 年城市生活垃圾人均日产量为 0.95~1.0kg/(人·d)（计算得到）；沈阳市 2011 年城市生活垃圾人均产生量为 0.97kg/(人·d)；拉萨市 2010 年生活垃圾人均日产量为 1.37kg/(人·d)。城市生活垃圾产生量也存在明显的区域分布特征，拉萨市城市居民的生活垃圾人均产生量明显高于其他城市，这可能是因为拉萨生活垃圾中灰渣含量较高。

表 1-5 是不同地区城市和农村生活垃圾人均日产量，与相应农村地区生活垃圾人均日产量相比，多数省份的生活垃圾人均日产生量高于农村地区，尤其是西藏、新疆、宁夏三个自治区的城市生活垃圾产生量显著高于农村，可能是这些地区城市生活垃圾中灰渣成分含量较高导致的。从不同区域来看，西部城市生活垃圾产生量高于东部和中部（西部高于东部高于中部），这一特征不同于农村生活垃圾产生量（东部高于中部高于西部），这也可能受西部地区城市生活垃圾中灰渣含量高的影响。

表 1-5 全国不同省份城市人均生活垃圾清运量（产生量）

地区		农村生活垃圾产生量 /kg·(人·d)$^{-1}$	城市生活垃圾产生量 /kg·(人·d)$^{-1}$
全国		0.649	0.716
东部	北京	0.958	0.998
	天津	1.226	0.701
	河北	0.890	0.562
	辽宁	1.042	0.843
	上海	1.253	0.696
	江苏	0.451	0.715
	浙江	0.611	1.085
	福建	0.775	0.800
	山东	1.003	0.662
	广东	0.561	0.815
	海南	0.641	0.734
中部	山西	1.000	0.745
	吉林	1.210	0.677
	黑龙江	0.394	0.644
	安徽	0.532	0.552
	江西	0.426	0.487
	河南	1.000	0.589
	湖北	0.743	0.564
	湖南	1.195	0.665
西部	四川	0.381	0.611
	重庆	0.587	0.564
	贵州	0.093	0.686
	云南	0.389	0.677
	西藏	0.099	1.616
	陕西	0.358	0.888
	甘肃	0.208	0.812
	青海	0.805	1.014
	内蒙古	1.061	0.920
	广西	0.412	0.493
	宁夏	0.357	1.065
	新疆	0.195	1.166

注：城市数据来源于 2015 年统计年鉴，通过清运量和常住人口计算获得。

2 农村生活垃圾处理处置技术

从对农村生活垃圾处理处置的总体要求来看，生活垃圾处理应以保障公共环境卫生和人体健康、防止环境污染为宗旨，遵循“减量化、资源化、无害化”原则。应尽可能从源头避免和减少生活垃圾产生，对产生的生活垃圾应尽可能分类回收，实现源头减量。分类回收的垃圾应实施分类运输和分类资源化处理。通过不断提高生活垃圾处理水平，确保生活垃圾得到无害化处理和处置。从分类和处置技术和模式选择来看，现阶段主要的处理处置方式包括：

一是鼓励生活垃圾分类收集，设置垃圾分类收集容器。对金属、玻璃、塑料等垃圾进行回收利用；危险废物应单独收集处理处置。禁止农村垃圾随意丢弃、堆放、焚烧。

二是城镇周边和环境敏感区的农村，在分类收集、减量化的基础上可通过“户分类、村收集、镇转运、县市处理”的城乡一体化模式处理处置生活垃圾。

三是对无法纳入城镇垃圾处理系统的农村生活垃圾，应选择经济、适用、安全的处理处置技术，在分类收集基础上，采用无机垃圾填埋处理、有机垃圾堆肥处理等技术。具体包括：（1）砖瓦、渣土、清扫灰等无机垃圾，可作为农村废弃坑塘填埋、道路垫土等材料使用。（2）有机垃圾宜与秸秆、稻草等农业废物混合进行静态堆肥处理，或与粪便、污水处理产生的污泥及沼渣等混合堆肥；亦可混入粪便，进入户用、联户沼气池厌氧发酵。

2.1 农村分类垃圾储存与转运

2.1.1 农村生活垃圾储运需求

目前，中国村镇垃圾的收运和处理发展尚不充分，除了东部地区的少部分村镇，中国绝大部分地区的村镇生活垃圾未得到无害化处理，中西部大部分村镇甚至没有收运措施。这种现象一方面和我国大部分村镇经济还不发达有一定关系；另一方面，中国村镇垃圾非常分散，若要进行集中处理，其长途运输费用甚至超过处理的费用。

目前我国村镇垃圾收运处理体系的特点如下：

（1）垃圾量分散、运距远。中国到现阶段还有约 50%的农村人口，再加上 20%的乡镇区人口，村镇人口占到 70%，这些人口分布分散在我国的建制镇和乡，造成垃圾量分散、运距遥远。由于垃圾处理设施的特殊性，规模过小的处理设施不可能环保达标也不经济，若需要无害化处理，只能依靠大量的长途运输。以中国现阶段大部分村镇的经济能力，无论是长途运输还是处理，都是困难重重。

（2）农村生活垃圾收集点、储运设施不足。目前中国农村有生活垃圾收集点的约占26%，对生活垃圾进行处理的约占10%。大量生活垃圾无序丢弃或露天堆放，对环境造成严重污染，不仅占用土地、破坏景观，而且还传播疾病，严重污染了水环境、土壤和空气以及人居环境。由于运输成本较高，急需建设能够达到卫生标准的暂存和初级处理的储运设施。

（3）废品回收体系缺乏、回收效果不佳。中国的废品回收体系非常庞大，但都集中在大中城市。事实上，村镇一级的废品回收系统非常缺乏。由于垃圾量分散、运费较贵，且垃圾中的可利用物相对较少，从事村镇废品回收和利用的人员和企业均较少。

2.1.2　农村生活垃圾储运设施

2.1.2.1　分类垃圾桶

根据调研数据，我国农村人均生活垃圾产生量约为0.5~0.8kg/d，根据《中国统计年鉴》，中国农村每户平均人口约为3.95人。以每户4口人，每人产量约0.8kg/d计，合计每户每天约产生活垃圾3.2kg，按照0.3kg/L的生活垃圾密度计算，每日每农户产生生活垃圾约为10.7L。对实施分类和一体化收运的农村，单户配置垃圾桶容量以12L以上为宜，在农户聚居区可考虑集中设置分类垃圾桶（图2-1）。

图2-1　分类垃圾桶

2.1.2.2　垃圾车

垃圾车是将垃圾由农户运到收集点，或者由收集点转运到中转站的运输工具，根据道路条件、载重量和设备接口需求，主要分为以下几种（图2-2）：

（1）道路条件不足的村镇，建议配套微型卡车，车型为1~2t车辆。

（2）直接落地的垃圾房（池）建议配套密闭式垃圾车，车型为1~5t车辆。

（3）放置垃圾斗和小型集装箱的垃圾收集点（站）建议配套摆臂式垃圾车，车型为1~5t车辆。

(4) 垃圾压缩收集站建议配套车厢可卸式垃圾车（勾臂式垃圾车），车型为5~8t 车辆。

图 2-2　垃圾收集车

(a) 微型卡车；(b) 密闭式垃圾车；(c) 摆臂式垃圾车；
(d) 车厢可卸式垃圾车；(e) 后装式压缩车；(f) 侧装式压缩车

2.1.2.3　垃圾收集房

为避免垃圾水污染环境，建议逐步取消无盖的生活垃圾收集池（图 2-3）。可采取垃圾桶、垃圾房收集生活垃圾。目前主要包括垃圾直接落地的垃圾房和内设垃圾桶（斗）。

图 2-3 垃圾收集斗+垃圾收集池（垃圾直接落地）

垃圾直接落地的垃圾房（图 2-4）可减少污染，目前虽有应用，但是远不及桶装式干净。垃圾房（垃圾直接落地）收集方式的配套收集设备投入相对较低，适宜经济相对落后的村镇。

图 2-4 垃圾收集房（垃圾直接落地）

垃圾桶收集（图 2-5）方式的配套收集设备投入较高，适宜经济发展中等以上的村镇。根据调研，当前村庄生活垃圾收集点的最小设置单位为居住人数在 100 人。

按照以每户 4 口人，每人产量约 0.8kg/d 计，合计每户每天约产生生活垃圾 4.8kg，按照 0.3kg/L 的生活垃圾密度，清运周期按每天清运一次计算。收集点的最大服务半径不超过 300m，建议服务半径为 100~200m。

2.1.2.4 垃圾中转站

根据《环境卫生设施设置标准》（CJJ 27—2012），当垃圾运输距离超过经济

图 2-5　垃圾收集房（内置垃圾桶）

运距且运输量较大时，宜设置垃圾转运站。垃圾转运站的设置应符合下列规定：

（1）服务范围内垃圾运输平均距离超过 10km，宜设置垃圾转运站；平均距离超过 20km 时，宜设置大、中型转运站。

（2）镇（乡）宜设置转运站。

（3）采用小型转运站转运的城镇区域宜按每 2～3km^2 设置一座小型转运站。

对村镇而言，垃圾转运站设置与否应根据各区域实际情况决定，但若设置，应符合《环境卫生设施设置标准》（CJJ/T 27）。该标准将转运站分为三大类、五小类。提出了对不同类型转运站设置的推荐运输距离。通过研究发现，在诸多区域，垃圾直接运输和中小型转运站转运的临界点距离通常在 10km 左右；中小型转运站转运与大中型转运站转运的临界点距离通常在 20km 左右。由于镇（乡）通常无处理设施，需要运往距离较远的处理设施，随着处理设施的规范，为了便于对城乡一体化收运处理模式的镇（乡）生活垃圾进行收运管理，推荐在镇（乡）设置转运站。

根据调研，多数村镇人口密度较小，垃圾分散转运站较多。对于分散中转站，由于其规模较小、用地不大，且运输车辆车型较小，为此，推荐采用水平推入装箱型工艺。收运装备选择需适应收运方式的要求，且要求其在运输过程中尽量减少对周围环境的影响。为与分散中转站配套，选用车厢可为可卸式运输车，车型为 5～10t 车辆；为与集中中转站配套，选用车厢可为可卸式运输车（钢丝牵引），车型为 15t 车辆。

2.1.3　农村生活垃圾储运模式

农村生活垃圾储运模式主要包括源头直接运输收运、流动车收集运输和收集点+小型压缩转运站收运模式三种，三种模式适用情况如下。

A　源头垃圾直接运输收运模式

该收运方式主要适合于垃圾产量较大且相对集中的区域，而对垃圾产生量相

对较小，某一产生源的垃圾不够装满一车，采用该运输方式会造成运输车辆运力的极大浪费，从而增加收运成本，因而该收运方式不适合于垃圾产生源分散的居民区或垃圾产量相对较小的小型企事业单位或商贸集市的垃圾收运。

B 流动车收集收运模式

该模式（图 2-6）的垃圾收运过程如下：采用 3t、5t 或 8t 后装压缩式垃圾车定时定点将门点、街道、居民或社区的垃圾运送至处理处置场。这种方式在相对清洁、先进、环保。国内的流动车辆收集一般是结合垃圾池或者垃圾桶设置的，垃圾池及垃圾桶内会存放部分垃圾，该堆放方式相对简陋，但较为适合经济欠发达、降雨量少、收集点垃圾日产量小且分散的农村地区。

当运距在 20km 以内时，针对村镇垃圾分布不集中且产量小的情况，相对于垃圾转运站而言，该模式具有投资及运行费用均低于垃圾转运站模式的优点。当运输距离大于 30km 以上时，8t 后装式垃圾车（底盘为 16t 车辆）实际载重量仅为 7t 左右，远距离运输时油耗高，运输效率低下，运行费用远高于垃圾转运站模式的特点。

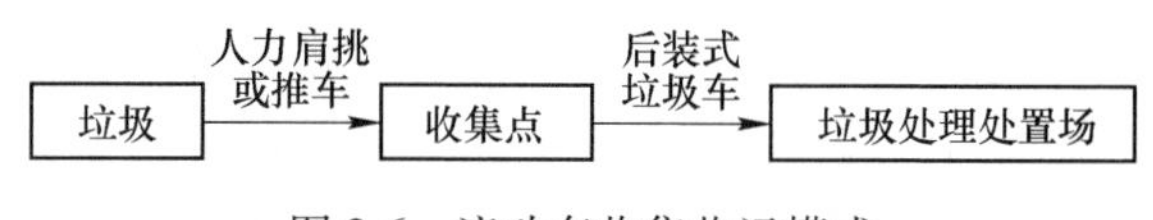

图 2-6 流动车收集收运模式

C 收集点+小型压缩转运站收运模式

该模式的垃圾收运过程如下：通过人力或手推车将门点、街道、居民或社区的垃圾运送至收集站（点），并将垃圾倒入置于垃圾收集站（点）的 4.5m^3 收集箱内，收集箱装满后，由 3t 钩臂车将装满垃圾的收集箱体运输到附近的小型压缩式转运站，并将垃圾倒入置于转运站内的带压缩头集装箱的进料口中，由站内的压缩装置将垃圾压入 20m^3 集装箱，当集装箱装满垃圾后，由运输车直接将垃圾运至处理处置场。收集站产生的污水排入污水储存池，由吸污车运出或用提升泵输送至市政污水管网，收集站内设机械排风扇，对收集站进行换气。其流程如图 2-7 所示。

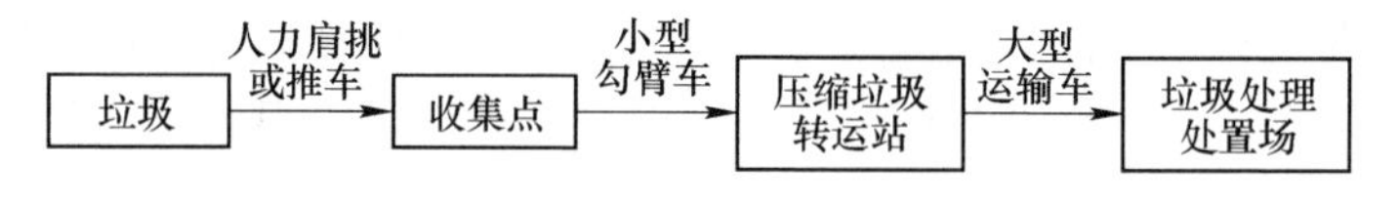

图 2-7 收集站（点）+小型压缩转运站收运模式

这种收集站（点）服务半径较小，可缩短清运工人的运距，降低清运工人的劳动强度，提高清运效率；垃圾运输采用 0.5t 钩臂车或者 3t 钩臂车，可节省垃圾装车时间，提高运输效率；收集过程机械化程度较高，可降低环卫工人的劳动强度，充分实现“以人为本”的理念；该收运模式的建设和运行成本均较低，管理简便，定点收集垃圾，对居民的作息时间和生活习惯不会造成较大的冲击，易于被居民所接受。

2.2 分类干垃圾预处理技术

2.2.1 垃圾给料和输送设备

给料系统是保证生活垃圾处理性能的第一道工序，给料系统不但要起到物料临时储存的目的，还需要保证持续均匀地给分选系统提供物料。

给料系统包括上料设备、暂存输送设备、均料设备。通常的生活垃圾上料设备多采用抓斗机、铲车、垃圾压缩车直接卸料等方式。结合干垃圾特性、场地情况和处理工艺，需要选择最佳的给料方式以满足分选系统的需要。

2.2.1.1 上料设备

在实际的生产中多采用抓斗机、铲车、垃圾压缩车直接卸料等方式，他们各有优点。在大型的混合垃圾焚烧电厂，因为每天的处理量较大，通常都建有原生垃圾库（垃圾储坑），环卫车辆进入厂区后将当天的生活垃圾卸入原生库中，然后抓斗机再将物料抓取到系统当中。而农村生活垃圾产量和末端设施处置能力相对较小，大型的原生垃圾库需要系统化设计和专业人员管理，不适宜小规模的农村生活垃圾处理。

垃圾压缩车直接卸料可以解决物料的“二次搬运”问题，能够节约场地，减少投资成本和运行成本。通常在卸料平台下方设置有板链输送机或步进给料机类的暂存输送设备，暂存输送设备两侧安装有挡板，可以作为临时料仓。压缩车到达卸料口位置，直接将物料倾倒于暂存输送设备中，由于卸料量不可控制，会对暂存输送设备产生的强大冲击力，通常输送设备两边的挡板都会做加强处理，输送设备也经过特殊的设计，保证输送能力的同时，还需要能承受很大的冲击载荷。

铲车上料多用于渗沥液较少的场合，作为一种辅助手段，对于干垃圾上料较为适合。垃圾车将物料卸载在卸料平台面，然后铲车将物料推送至输送设备上。如果物料中夹杂有一些体积较大或者会对分选设备造成损坏的物料应提前拣出。

其他上料方式还有移动式抓机、移动式行车等。可以根据当地的具体情况灵活搭配，保证生产的顺利进行。

2.2.1.2 暂存输送设备

暂存输送设备主要有步进给料系统、板链输送机、链式皮带机等。

A 步进给料系统

步进给料系统（图 2-8）箱体可以作为暂存料箱，每段箱体采用标准模块化

设计，可以灵活拼接组合，以适应有不同储料量需求的给料系统。步进给料系统结构为长方体箱式结构，上部为敞开式结构，底部安装有几组分别移动的活动底板，通过液压缸驱动，按照预先设计的轨道进行往复运动。活动底板和暂存箱体由于与物料直接接触，通常采用耐磨材料制作。上料设备将物料投放在暂存料箱，物料堆积在底板上，通过底板的往复运动将物料送至出料端的拨料滚筒。拨料滚筒按照设定的转动方向做回转运动，滚筒外圆面安装有拨料板，当物料接触到与筒体一起旋转的拨料板后，物料被拨料板带起，抛洒到接料皮带机上，起到给料均料的作用。薄料滚筒根据物料种类的不同，拨料板会有不同的结构样式，以达到最佳的拨料效果。整个步进给料系统均设计有支腿，可以根据现场的进料高度进行调整。暂存料箱的长度为5~30m，储料量为20~120m^3。活动底板的运动速度范围为0.001~0.5m/min，活动底板的行程可以根据处理量进行设计，速度可通过变频器调节。拨料滚筒的转速范围为0~30r/min，可通过变频器调节。

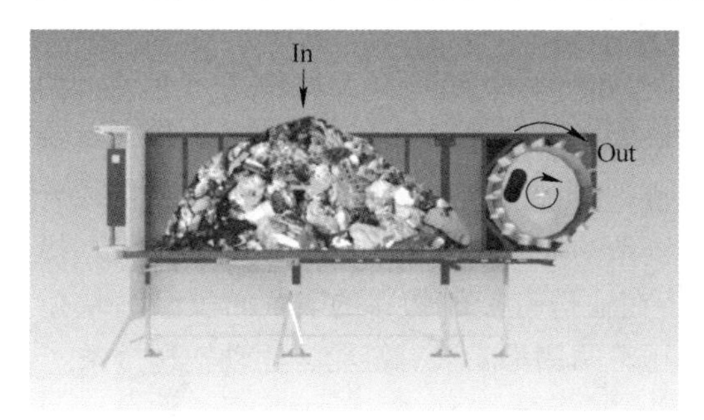

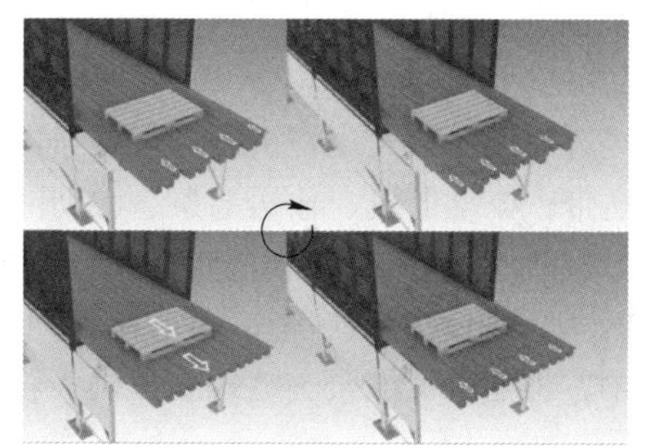

图2-8 步进给料机

拨料辊主要功能是将暂存输送设备中没有均匀摊开的物料均匀化。由于上料设备上料时物料一般是堆放在暂存输送设备上，因此造成物料很高，不易摊开，分选设备进料不均匀的问题，会影响后续设备的分选效率，甚至会堵塞输送皮带机或分选设备。

B 板链给料机

板链给料机（图2-9）可以进行物料的水平或倾斜输送。主要由鳞板、输送链条、机架、头轮、尾轮、驱动装置等组成。由于上料多采用铲车上料，所以板链机进料端鳞板下侧会做加强设计，防止物料冲击造成鳞板变形损坏。鳞板一般采用弧形冲压件，具有一定的刚性，两端有安装孔，可以固定在输送链条的安装板上。输送链条在机架的轨道上行走，轨道与机架通过焊接连接。驱动电机安装在出料端，采用链轮或联轴器传动到板链机的头轮。头轮两侧安装有链轮，链轮转动带动输送链条在轨道上运动。在生活垃圾处理上通常使用的板链输送机宽度为1500mm或2000mm，输送量为25~50t/h，速度为0.1~0.3m/s，电机通过变频器控制，根据处理量可以进行速度调整。板链机具有较强的抗冲击能力，链条可以承受很高的抗拉载荷，润滑检修方便，是一种常用的输送设备。

图 2-9　板链给料机

C　链式皮带机

链式皮带机（图 2-10）可以输送堆积密度较大的物料，在输送角度较大的场合使用。链式皮带机结构与普通皮带机输送机类似，由头轮、尾轮、机架、输送带、驱动电机、输送链条、渗沥液溜槽、密封护罩、拉绳开关等组成。链式皮带机的皮带运动靠输送链条驱动，输送链条的安装板采用扁钢连接，输送带选择 PE 耐油脂耐酸碱皮带，固定在扁钢上，在输送带接触物料的表面再安装一块角钢，将输送带加紧。链式皮带机头轮和尾轮两侧都安装有链轮，驱动输送链条。

图 2-10　链式输送机

D　皮带输送机

皮带输送机（图 2-11）适宜对输送过程环保控制要求较高的垃圾输送系统。皮带输送机上密封罩留有风管接口，可以维持皮带机输送过程微负压，防止异味和灰尘溢出，物料的安息角决定了皮带机的输送角度不宜超过 20°。皮带输送机是生活垃圾分选系统当中常用的输送设备，与普通的输送带结构类似，由头轮、尾轮、机架、驱动电机、上托辊、下托辊、渗沥液溜槽、上密封罩等组成。

图 2-11　皮带输送机

2.2.2　垃圾破碎技术

2.2.2.1　工艺介绍

生活垃圾破碎主要是将生活垃圾破碎到一定的粒径范围内，以满足后续处理工艺的物料要求。按破碎粒径范围，可采用的破碎设备如下：（1）粗破碎至 250~500mm：使用旋转剪，断裂机，破碎机等；（2）破碎至 100~250mm：使用旋转剪，破碎机，阶梯形碾磨机等；（3）精碎至 25mm（如有必要）：使用刀碾磨机，锤碾磨机等。

破碎机根据结构形式来分主要有单轴破碎机、双轴破碎机、三轴破碎机、四轴破碎机。根据驱动方式来分有液压驱动、电机驱动。

破碎机工作原理：在物料进入到破碎腔时，利用刀轴旋转与定刀形成切削、撕扯力，将物料破碎成小粒径。如果粒径要求比较小，破碎机会在破碎刀轴底部的腔体设置筛网，不能通过筛网的物料会被破碎刀轴重新带入破碎腔再次进行破碎，周而复始，直到物料粒径能够通过筛网孔。

通常国内的分选系统粗破碎粒径是在 200~300mm。主要是将生活垃圾中的大件物料，如编织袋、垃圾袋、衣物、棉被、木质产品等，进行破碎，方便后续的分选系统进行分选。

2.2.2.2　主要工艺设备

A　破袋机

破袋机（图 2-12）主要是将包装袋破开，方便后续的分选系统对袋内的物

图 2-12　破袋机

料进行分选处理。破袋机可以采用电机驱动或者采用液压驱动方式。破袋机主要由液压系统、液压马达、主轴、定刀、让刀装置、气动系统、箱体、料槽等组成。物料进入破袋机料槽中与高速旋转的主轴接触，主轴上安装有可更换动刀，动刀将物料带入破袋腔，定刀安装在破碎腔两侧，定刀挂住包装袋，在动刀旋转的作用下，将包装袋撕扯开。定刀特殊的结构设计可以防止物料缠挂在刀具上，并且能够高效进行破袋。

定刀通过液压装置进行控制，可以根据物料的尺寸大小进行间隙调节，保证最佳的破袋效果。

B　单轴破碎机

单轴破碎机（图 2-13）的优势是用于织物含量较高的农村生活垃圾，一次破碎碎后粒径可达到 150mm 以内。这部分垃圾中织物含量高达 90%以上，物料的韧性强，堆积密度小，对破碎设备刀具的要求非常高。刀具通常采用进口耐磨合金钢，需要定期调整动刀和定刀间隙，才能保证良好的破碎效果。

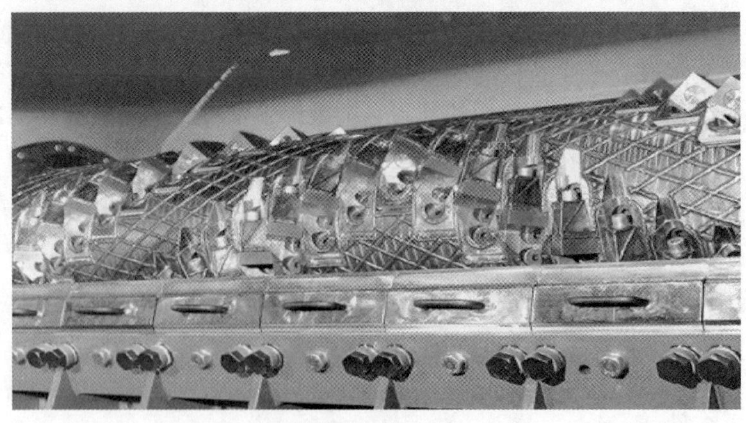

图 2-13　单轴破碎机

单轴破碎机为四方体结构，上部是进料斗，主要起到暂存物料的作用。机架通常采用型钢和低碳钢钢板制作。破碎腔在料斗下方，是破碎工作的主要位置，腔内安装有转轴，转轴上有动刀、定刀、驱动装置、传动装置、压料装置等。

机架一般采用碳钢钢板和型钢制作，焊接结构，主要作为设备主体的支撑。破碎腔采用普通碳钢焊接，由于腔体是物料和刀轴直接作用的位置，一般会选用较厚的板材并做加强结构。转轴通常采用进口耐磨钢或者合金钢制造。轴体加工有凹槽，用于动刀刀座的焊接，两端采用调心轴承支撑，可以承受重度载荷。动刀采用耐磨合金钢制造，采用高强螺栓固定在动刀刀座上，每一块动刀可以使用4次，这样可以提高刀具的使用寿命，降低设备的使用成本。定刀采用耐磨合金钢制造，采用高强螺栓固定在破碎机腔体的台面，可以灵活调整定刀和动刀的间隙，保证物料的破碎效果。单轴破碎机多采用带传动。相比减速箱传动，带传动可以减少冲击，延长设备的使用寿命。驱动一般采用三相电机驱动。

破碎腔上部安装有料斗，可以起到暂存物料的作用，保证破碎机持续稳定的供料。

在破碎机料斗内设置有压料装置，采用液压驱动，液压缸伸缩带动压料板做往复运动，将物料推入破碎腔中，提高物料的破碎效果。

C 双轴破碎机

双轴破碎机（图 2-14）用于原生生活垃圾的初破碎，通常破碎后粒径小于300mm。双轴破碎机主要由上料斗、破碎刀轴、破碎腔、定刀、动刀、梳板、液压系统、电控柜组成。

图 2-14 双轴破碎机

物料进入到破碎料斗后，旋转的刀轴将物料带入破碎腔，动刀和定刀之间有一定的间隙，可以将物料通过撕扯、剪切等作用方式破碎，动刀将小于目标粒径的物料带入到破碎腔下部，进入到出料溜槽中。初破碎机两个刀轴可以按照程序设定的时间进行正反方向转动，更有利于对物料的破碎。

初破碎机采用低速大扭矩液压马达驱动，具有低转速、大扭矩的特点，能够将生活垃圾中的难破碎的物料（如编织袋、床上用品等）进行破碎。刀轴和动定刀可以根据磨损情况进行补焊修复，具有维护简单方便、破碎能力强的特点。

D　四轴破碎机

图 2-15 所示为奥地利 UNTHA shredding technology 公司的两种四轴破碎机，四组刀盘缓慢转动咬合，可以破碎木材、金属、文件光盘、废旧电器、轮胎等干垃圾。

(a)

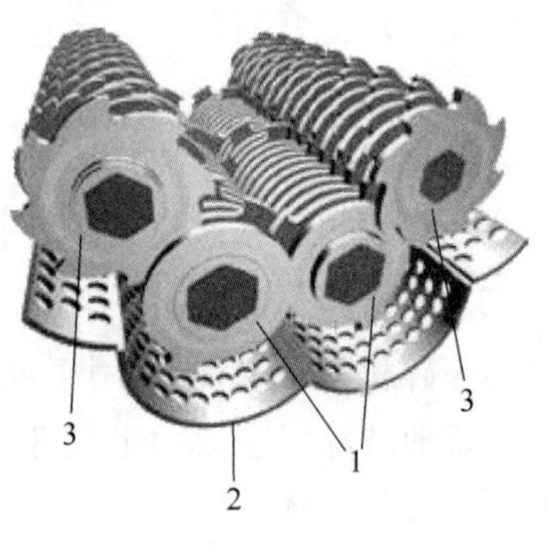

(b)

图 2-15　新一代四轴破碎机

（a）四轴破碎机（UNTHA shredding technology）；

（b）破碎机刀具分布（UNTHA shredding technology）

1—主刀；2—筛；3—侧刀

2.2.3　重力分选技术

2.2.3.1　原理及工艺介绍

重力分选又称重选，就是根据颗粒间密度的差异，及其在运动介质中所受重力、流体动力和其他机械力的不同，实现按密度分选的过程，是由于不同密度的颗粒物在介质中运动方式不同而产生分离的一种工艺。粒度和形状会影响按密度分选的精确性。重选的目的主要是按密度来分选颗粒。因此，在分选过程中，应设法创造条件，减少颗粒的粒度和形状对分选结果的影响，以使颗粒间的密度差别在分选过程中能起到主导作用。

重力分选是常用的分选方法之一。它除对微细粒级选别效果较差外，能够有效处理各种不同粒度的原料。它的设备结构简单、作业成本低廉，在选煤、非金属矿石处理、铁锰矿石选别等方面有广泛应用。

2.2.3.2 重力分选工艺设备

分离生活垃圾中轻重物质常用弹跳筛。德国 Stadler 弹跳筛主要由机架，曲轴，筛板，筛架，电机和联动装置组成。Stadler 的设备本身无须倾斜，内有可调节角度的倾斜框架（手动或液压），筛板可单独更换。曲轴带动筛板作回转运动，垃圾在筛板上弹跳滚动，不同属性物料弹跳距离不等，由此被筛分（见图 2-16）。为了更精细得筛分，Stadler 设备最大的亮点在于其可叠加性，即模块式的各种型号的弹跳筛可以叠加，分级筛分。如下图，一层六板筛叠加成二层 12 板筛（2×6），或三层 18 板筛（3×6），三层筛的上层筛孔 240mm，中层 120mm 下层 45mm。

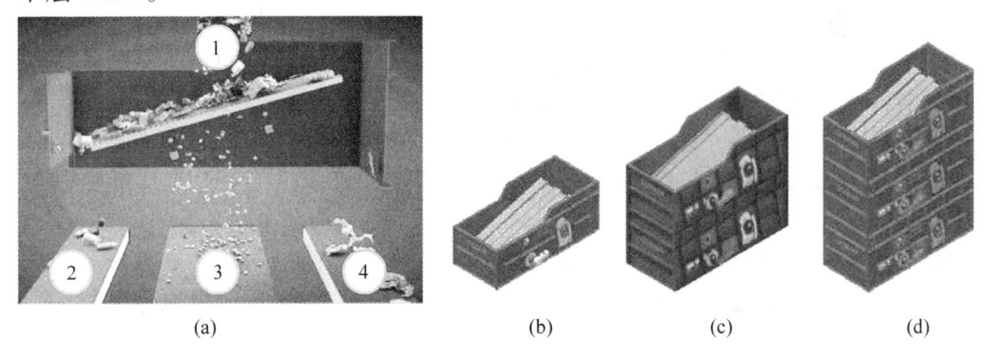

(a) (b) (c) (d)

图 2-16 弹跳筛分选物料（Stadler）

（a）弹跳筛分选原理；（b）STT2000_6_1；（c）STT2000_6_2；（d）STT2000_6_3

1—进料；2—滚动物：如坚硬、质重的塑料杯、石块、木块、PET 瓶、罐头等从筛底端出料；

3—筛下物：比筛孔小的物料；4—片状物：如柔软、质轻的纸张、膜、布料等从筛顶端出料

2.2.4 磁选技术

磁选机（图 2-17）的主要作用是将物料中的铁磁性金属选出，处理生活垃圾使用的主要有悬挂式永磁式和悬挂式电磁式两种类型，由磁芯、机架、托辊、皮带、传动机构、驱动机构等组成。磁场强度为 700~1500GS，适用带宽为 500~1600mm。磁选机通常安装在皮带机头轮位置或者横跨在皮带输送机上方，安装位置的皮带机输送机部分要做防磁化处理，防止铁磁性金属吸附在输送机的金属构件上。磁选机的磁场强度需要根据输送机速度以及料层的厚度进行选择。通常磁选机选出的铁磁性金属的最大质量为 25kg，适用的输送机最高带速不超过 4.5m/s。

图 2-17　磁选机

2.2.5　浮沉分选技术

浮沉分选主要是利用物料密度差将物料分离，分选出垃圾中具有相对较高回收价值的组分，如塑料、橡胶、金属等。通过将物料放入水或重液分离液中，使比溶液密度小的物料浮起、比溶液密度大的下沉进行分选，浮选主要由浮选箱、搅拌系统、重物排料系统、轻物排料系统等组成。常用的浮选介质有水、NaCl 溶液（密度 1.19g/cm³）、饱和 $CaCl_2$ 溶液（密度 1.5g/cm³）、58.4%酒精溶液（0.91g/cm³）、55.4%酒精溶液（0.925g/cm³）、丙酮和四溴乙烷的混合物（不同比例混合可以得到密度为 2.0g/cm³、2.5g/cm³ 以及 3.0g/cm³ 的介质）等。当物料进入到浮选箱内，密度大于水的物质会沉入浮选箱底部，密度小于水的物质会漂浮在上层，重物质排料系统将沉入底部的重物质从浮选箱排出，轻物质排料系统将悬浮在上层的轻物质从浮选箱排出。浮选后的物料湿度较大，不利于后续的分选，介质水中含有大量的泥沙、有机物，需要定期对介质水进行更换处理。

浮沉分选设备如图 2-18 所示。

2.2.6　小型车载式生活垃圾一体化自动分选装置

由于生活垃圾成分复杂，大小、密度不一，因此存在缠绕、包裹、堵塞等问题，导致大多自动分选存在效果不佳、运行成本高、二次污染严重等问题，一直未能实现大规模推广应用。而农村生活垃圾不仅具备上述特征，同时还具备产量小、分布广的特点，因此需要集成度高、分选效果可控、能耗低的可移动式一体化分选技术，并根据其后续利用方式进行不同分选设备的模块化组合，集成自动化控制，实现其高效低耗分离，减少二次污染；同时应根据区域垃圾处理需求，进行区域联合处理。

中国科学院广州能源研究所陈勇院士团队针对我国乡镇与偏远山村生活垃圾

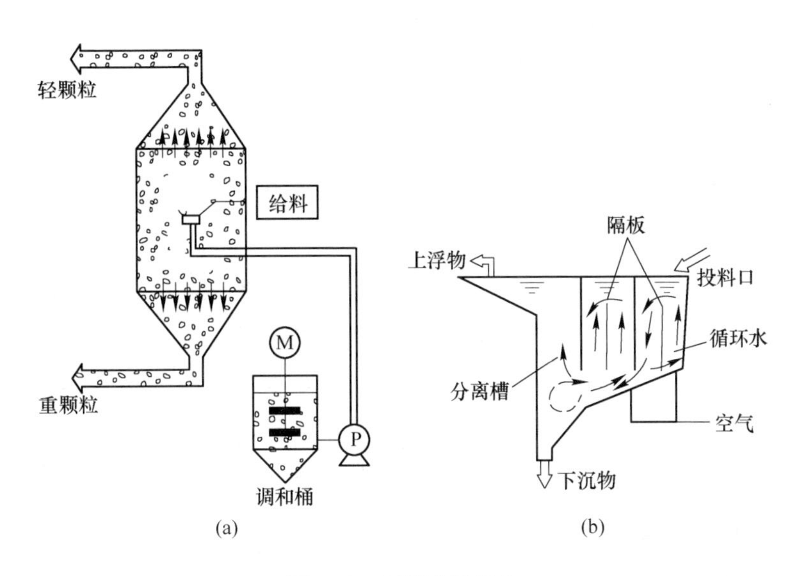

图 2-18 浮沉分选设备

（a）水力重选机；（b）静置分离器

收运距离长、运输不便的特点，研发了小型车载式生活垃圾自动分选装置（图 2-19），采用破碎、风选、磁选、筛分等分选技术，将农村生活垃圾分选为轻质物与重质物两部分，其中轻质物主要为塑料袋、农膜等，重质物主要为砂石、碎木、部分餐厨等，依据不同要求，也可分为轻质物、重质物与餐厨。垃圾通过桶装龙门进料，在集装箱内实现垃圾进料的自动分拣，经分选，轻质可回收物料和重质需处置物料通过不同的出料口自动出料。

图 2-19 小型车载式生活垃圾自动分选装置

自动化分选工艺技术路线如图 2-20 所示。

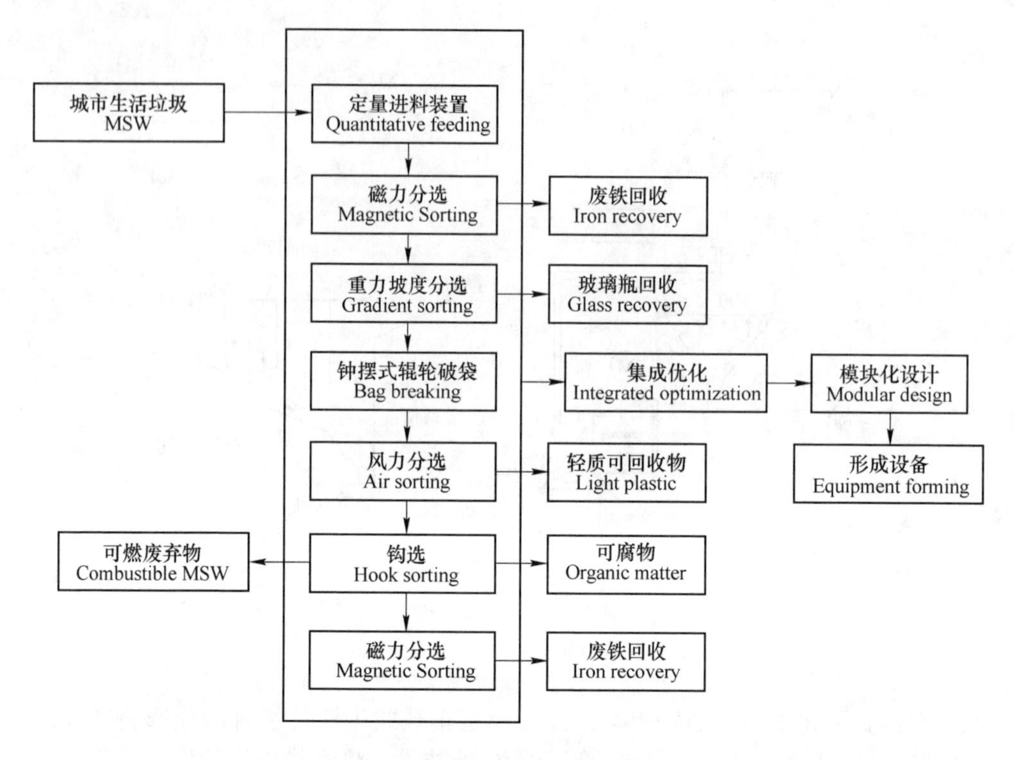

图 2-20　自动化分选工艺技术路线

2.3　分类干垃圾资源化技术

2.3.1　制备 RDF 技术

2.3.1.1　工艺介绍

垃圾衍生燃料技术 RDF（Refuse Derived Fuel），是通过对垃圾的分类筛选，并加入添加剂等成分，制成便于运输、储存和热值较高的具有一定形状的燃料，通过燃烧回收热能。制备 RDF 的典型工艺流程如图 2-21 所示。

2.3.1.2　主要工艺类型

A　散装 RDF 制备工艺

散装 RDF 是由美国研发的，目前主要在美国应用。其流程图如图 2-22 所示。该工艺非常简单。与原生活垃圾相比具有不含大件垃圾、不含非可燃物、粒度比较均匀和利于燃烧等优点；但有不宜长期储存和长途运输，易于发酵产生沼气、CO、CO_2 和恶臭，污染环境等缺点。

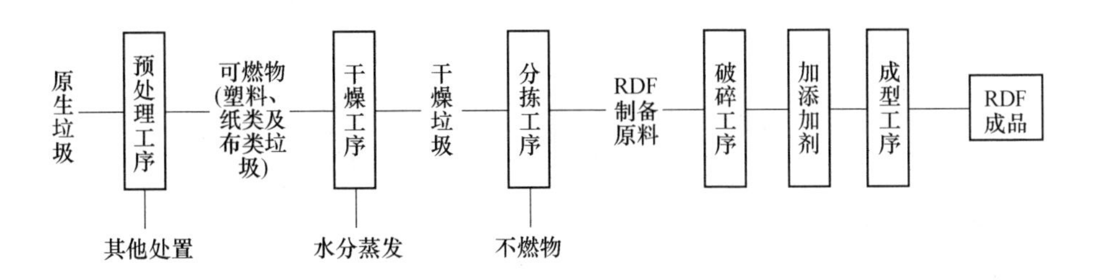

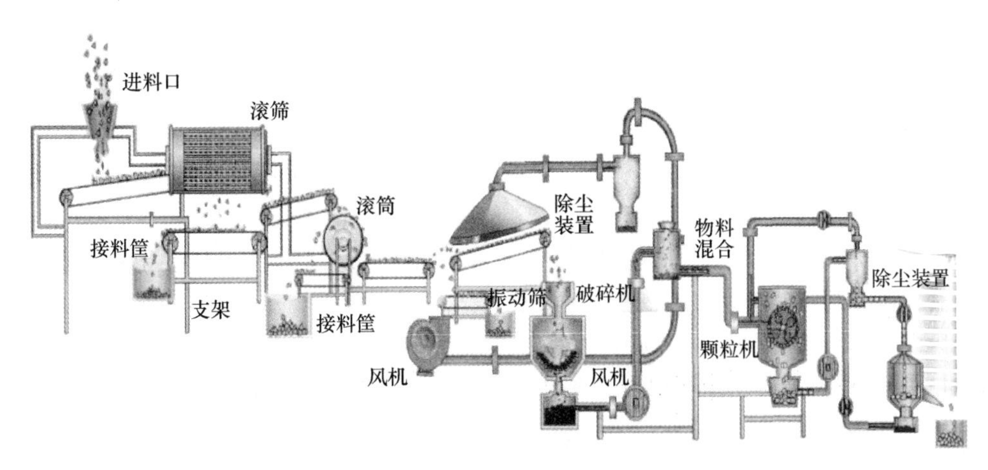

图 2-21　分类干垃圾制 RDF 典型工艺流程

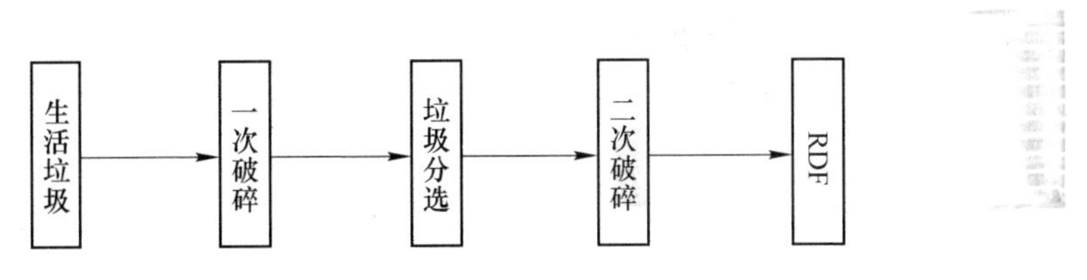

图 2-22　散装 RDF 制备工艺流程

B　干燥成型 RDF 制备工艺

干燥成型 RDF 制备工艺是由美国及欧洲一些国家开发的。其流程图如图 2-23 所示。生活垃圾经粉碎、分选、干燥和高压成型等加工工序后，其最终的形状一般为圆柱状。它具有适于长期储存、长途运输、性能较稳定等优点；缺点是不易将生活垃圾中的厨余除去、干燥后短时间内较稳定，长时间储存后易吸湿。

C　化学处理 RDF 制备工艺

化学处理 RDF 有两种制备工艺，一种是瑞士的卡特热公司的 J-carerl 法，另一是日本再生管理公司的 RMJ 法。J-carerl 法的制备工艺流程如图 2-24 所示，其工艺流程的特点是先将含有厨余、不燃物的生活圾进行破碎，然后将金属、无机不燃物分选除去，在余下的可燃生活垃圾中加入 3%～5%的生石灰（CaO）进行

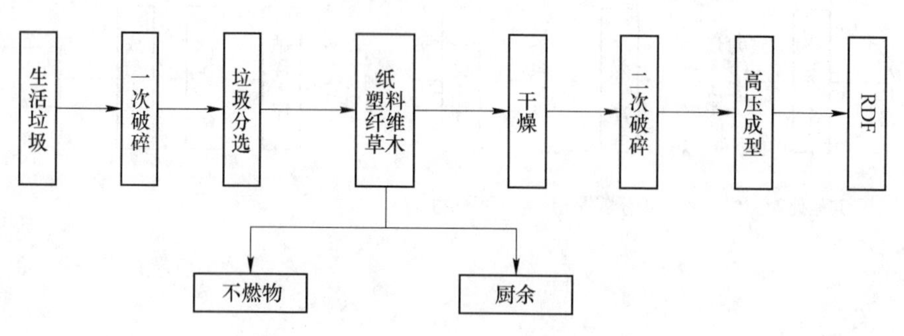

图 2-23 干燥成型 RDF 制备工艺流程

化学处理，最后进行中压成型和干燥，得到尺寸为 $\phi(10\sim20)\text{mm}\times(2\sim80)\text{mm}$ 圆柱状，热值为 14600~21000kJ/kg 的 RDF。该法有很多优点：（1）RDF 可长期储存不发臭，燃烧时 NO_x、HCl 和 SO_x 的量少，并抑制了二噁英的产生；（2）RDF 成型时不需高压设备；（3）压缩成型机的容量降低，动消耗下降，运行费用低；（4）干燥机内塑料等不会熔融或燃烧，干燥机可小型化，设投资少。采用 J-carerl 法已在日本札幌市和小山町等地分别建成了处理能力为 200t/d 和 150t/d 的 RDF 加工厂。

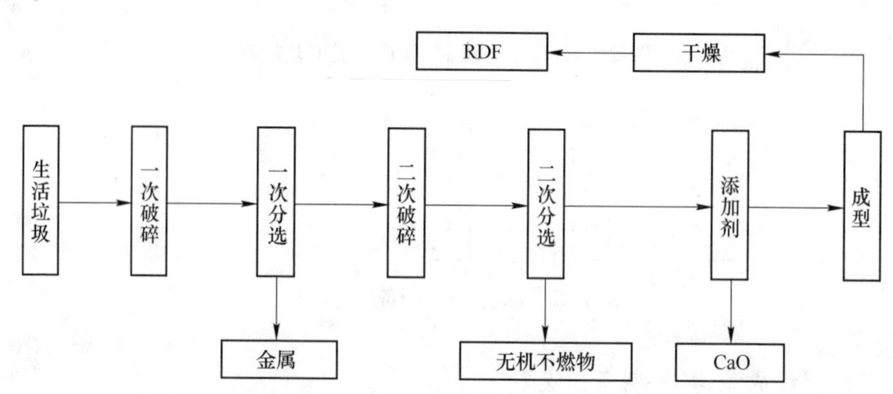

图 2-24 化学处理中压 RDF 制备工艺流程示意图（J-carerl 法）

RMJ 法的制备工艺流程如图 2-25 所示，其工艺流程与 J-carerl 法大致相同，优点也差不多。只是干燥、添加剂投放顺序及成型压力有所区别。RMJ 法是先干燥，再加入消石灰添加剂，加入量约为垃圾的 10%，再进行高压成型；J-carerl 法是先在垃圾含湿的状态下加入生石灰，再进行中压成型和干燥。采用 RMJ 法目前已在日本的资贺县和富山县分别建成生产能力为 3. 3t/h 和 4t/h 的 RDF 加工厂。

2. 3. 1. 3 进料要求

美国材料与实验协会（ASTM）按生活垃圾衍生燃料的加工程度、形状、用

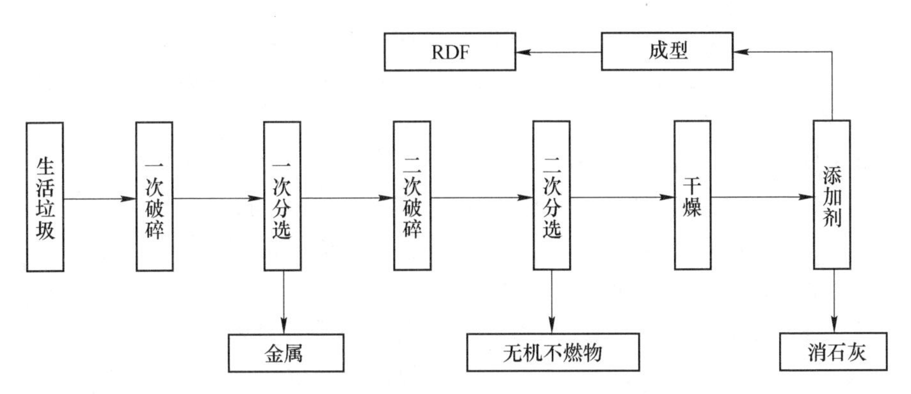

图 2-25 化学处理高压 RDF 制备工艺流程示意图（RMJ 法）

途等将 RDF 分成 7 类（表 2-1）。在美国 RDF 一般指 RDF-2 和 RDF-3，瑞士、日本等家 RDF 一般是 RDF-5，其形状为 ϕ(10~20)mm×(20~80)mm 圆柱状。

表 2-1 美国 ASTM 的 RDF 分类

分类	内容	备注
RDF-1	仅仅是将普通生活垃圾中的大件垃圾除去而得到的可燃固体废弃物	疏松 RDF
RDF-2	将生活垃圾中去除金属和玻璃，粗碎通过 152mm 的筛后得到的可燃固体废弃物	疏松 RDF
RDF-3	将生活垃圾中去除金属和玻璃，粗碎通过 50mm 的筛后得到的可燃固体废弃物	疏松 RDF
RDF-4	将生活垃圾中去除金属和玻璃，粗碎通过 1.83mm 的筛后得到的可燃固体废弃物	疏松 RDF
RDF-5	将生活垃圾分拣出金属和玻璃等，粉碎、干燥、加工成型后得到的可燃固体废弃物	疏松 RDF
RDF-6	将生活垃圾加工成液体燃料	液体燃料
RDF-7	将生活垃圾加工成气体燃料	气体燃料

2.3.1.4 设施要求

RDF 制备过程中会涉及臭气释放，需通过阻止外泄和有组织处理达到满足《恶臭污染物排放标准》（GB 14554—1993）新扩改建二级标准限值。

2.3.1.5 产品出路

A RDF 特性

RDF 在生产、存储、运输与应用等方面具有以下特性：

(1) 防腐性。RDF 的水分约为 10%，制造过程加入一些钙化合物添加剂，具有较好防腐性，在室内保存一年无问题，而且不会因为吸湿而粉碎。

（2）燃烧性。热值高，发热量在12500~17500kJ/kg，且形状一致均匀，有利于稳定燃烧和提高效率，但需要采用专门的RDF燃烧锅炉。

（3）环保性。清洁，垃圾衍生燃料RDF经分选、脱氯、脱硫处理，污染元素含量较少；同时由于RDF与一般固体废弃物相比具有较高的热值、较均匀的物化组成，与混烧式焚烧系统相比，处理规模小、单位物质燃烧烟气量小、烟气中污染浓度低、二次污染低、环保性良好。

（4）运营型。垃圾衍生燃料RDF的制备，不受场地和规模限制，适合中、小型垃圾处理厂分散制造后，再收集起来进行高效发电，有利于提高垃圾发电的规模和效益，比用原生垃圾焚烧发电效率提高25%~35%，使大规模的热能循环利用成为可能。

（5）存储与运输。因RDF水分减少且在生产过程中加入添加剂$Ca(OH)_2$、CaO等可防止恶臭产生，便于储存，同时RDF经压缩打包后体积减小，便于运输。

（6）利用性。作为燃料使用时虽不如油、气方便，但与低质煤具有可比性。

（7）残渣特性。RDF制造过程中产生的不燃物约占1%~8%，适当处理即可，燃后残渣约占8%~25%，比焚烧炉灰少。

RDF的主要技术指标见表2-2。

表2-2　RDF主要技术指标

指　标	取值范围
水分/%	<10
灰分/%	12~25
挥发分/%	55~75
固定碳/%	7~13
低位热值/$MJ \cdot kg^{-1}$	12.5~17.5
燃点/℃	210~230

B　RDF的应用

RDF技术已在美国、日本、欧洲等一些发达国家引起很大地重视，其RDF的应用范围较广，主要应用在以下几个方面：

（1）中小公共场合。RDF在公共场合中的应用主要是指用于温水游泳池、体育馆、医院、公共浴池、老人福利院、融化积雪等方面的供热。

（2）干燥工程。在特制的锅炉中燃烧RDF，将其作为干燥和热脱臭中的热源利用。目前在日本，RDF在干燥工程中的应用量一般占总量的1/4~1/3。

（3）水泥制造，RDF 的燃烧灰一般需要处理，无疑需要增加运行费用。日本为了开发低的运行费用的 RDF 应用领域，将 RDF 的燃烧灰作为水泥制造中的原料进行利用，从而取消 RDF 的燃烧灰处理过程，降低运行费用。此技术已受到普遍欢迎，并在几个地方实现了工业化应用。

（4）地区供热工程。在供热工程基础建设比较完备的地区，只需建设专门的 RDF 燃烧锅炉就可以实现 RDF 供热，投资较少。但在供热工程基础比较落后的地区由于费用高，RDF 供热则不经济。

（5）发电工程。在燃烧火力发电厂，将 RDF 与煤混烧进行发电，具有十分经济的优点，受到欢迎。在特制的 RDF 燃烧锅炉中进行小型规模的燃烧发电，也得到了较快的发展。日本政府从 1993 年开始研究 RDF 燃烧发电方案，目前北海道、枥木县、群马县、三重县、滋贺县、高知县、石川县、福冈县等地方政府的积极性很高，并已投资进行 RDF 燃烧发电厂的建设。

（6）作为碳化物应用，将 RDF 在空气隔绝的情况下进行热解碳化，将制得的可燃气体进行燃烧作为干燥工程的热源，热解残留物即为碳化物，可作为还原剂在炼铁高炉中替代焦炭进行利用。此技术目前已在几家工厂进行了实际应用。研究表明，cRDF 发热量比 RDF 高 34%～43%，但由于挥发分含量较低，燃烧性能不及 RDF，因此 cRDF 作为燃料时应和其他燃料配合使用，以改善其着火性能。

2.3.1.6 处理案例

A 北京延庆县 6t/dRDF 生产线

2001 年中国科学院工程热物理研究所与日本 IHI 公司合作，建立了中国第一条 6t/d 的 RDF 生产线（图 2-26）。其 RDF 主要原料为废塑料或废塑料和少量布类、纸类及草木类垃圾可燃物的混合物（布类、纸类及草木类总和小于 5%），添加剂为 $Ca(OH)_2$，制成的 RDF 呈细长圆柱状，直径 15mm，长度 30～45mm。RDF 制备过程中对干燥、破碎及成型工序的环境影响进行了监测，对材料和电力的消耗进行了经济性评价。结果发现 RDF 制备过程中的成型性与原料水分关系密切，与 Ca 含量关系不大，干燥工序对 RDF 品质有较大影响。RDF 生产费用偏高，制备 1tRDF 在电力、燃煤和石灰等方面的纯消耗为 800 元，需要通过增大规模降低单位成本。

B 苏州嘉诺 55t/h 混合生活垃圾制 RDF 工艺

嘉诺资源再生技术（苏州）有限公司拥有 55t/h（单线）混合生活垃圾制 RDF 工艺。该工艺的主体思路是，将生活垃圾组分中的无机物（砖瓦石块、砂土、灰土、玻璃等）、金属（铁质）等对垃圾焚烧稳定运行产生不良影响的物料进行分离，将可燃物破碎，尽量将生活垃圾处理至最大尺寸≤80mm 的 RDF3 燃

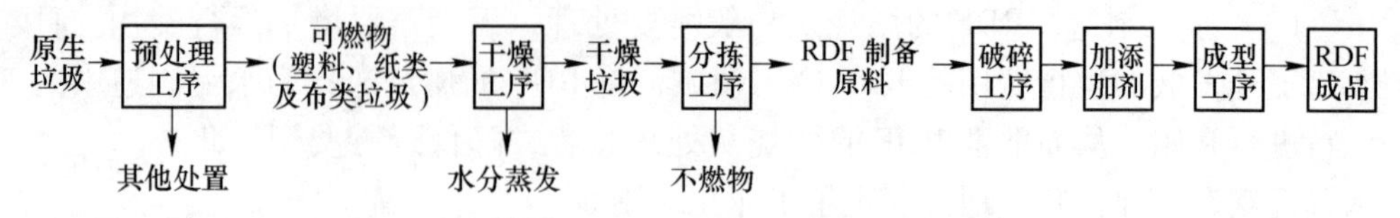

图 2-26　RDF 制造工艺流程图

料占 90%以上，通过风选的方式分离不可燃物和可燃物，为入炉焚烧提供条件。主要技术参数、工艺流程图和物料平衡分别见表 2-3、图 2-27 和图 2-28。

表 2-3　主要技术参数

垃圾类型	混合生活垃圾
容重	按照 450~500kg/m^3 计算
处理量（单线）	55t/h（保证处理能力不低于 50t/h）
适用电压及频率	380V，50Hz
标准生产线总装机功率	约 450kW

混合生活垃圾先进行粗破碎，经粗破进入分选系统的物料尺寸有利于提高后续分选设备（如碟形筛、风选机）的分选效率，同时，通过粗破碎机，也起到了一定的均匀给料的作用。

经粗破碎后的物料进行除铁后输送至碟形筛进行筛分，将物料筛分筛上物和筛下物。筛上物中无机不可燃物相对含量比较低，可燃物含量比例相对比较高；而大部分的不可燃物主要从筛下物筛出。

碟形筛选出的筛上物经过通过高速皮带机进入筛上物风选机进行分选，轻物质通过皮带机进入细破碎机，破碎后的物料的尺寸为 80mm，与筛下物风选机汇总经过磁选机除铁后入成品库待烧；风选机重物质以不可燃物为主，且含有大量影响破碎机稳定运行的金属、混凝土等，筛上物风选重物质与筛下物风选重物质一同汇总经过磁选机除铁后进入储料仓进行收集及外运处理。碟形筛选出筛下物经过圆盘均料机将物料摊开后直接进入风选机进行分离。同样，轻质可燃物与筛上物轻质可燃物汇总经过磁选机除铁后直接入成品库待烧；重质不可燃物也与筛上物风选机重质不可燃物汇总，经过除铁进储料仓进行收集及外运处理。

2.3.2　热解技术

2.3.2.1　工艺介绍

热解（pyrolysis），在工业上通常也称为干馏，是将垃圾中有机物质在隔绝空气条件下加热，或者在少量氧气存在的条件下部分燃烧，使之转化成有用的燃料或化工原料的基本热化学过程。

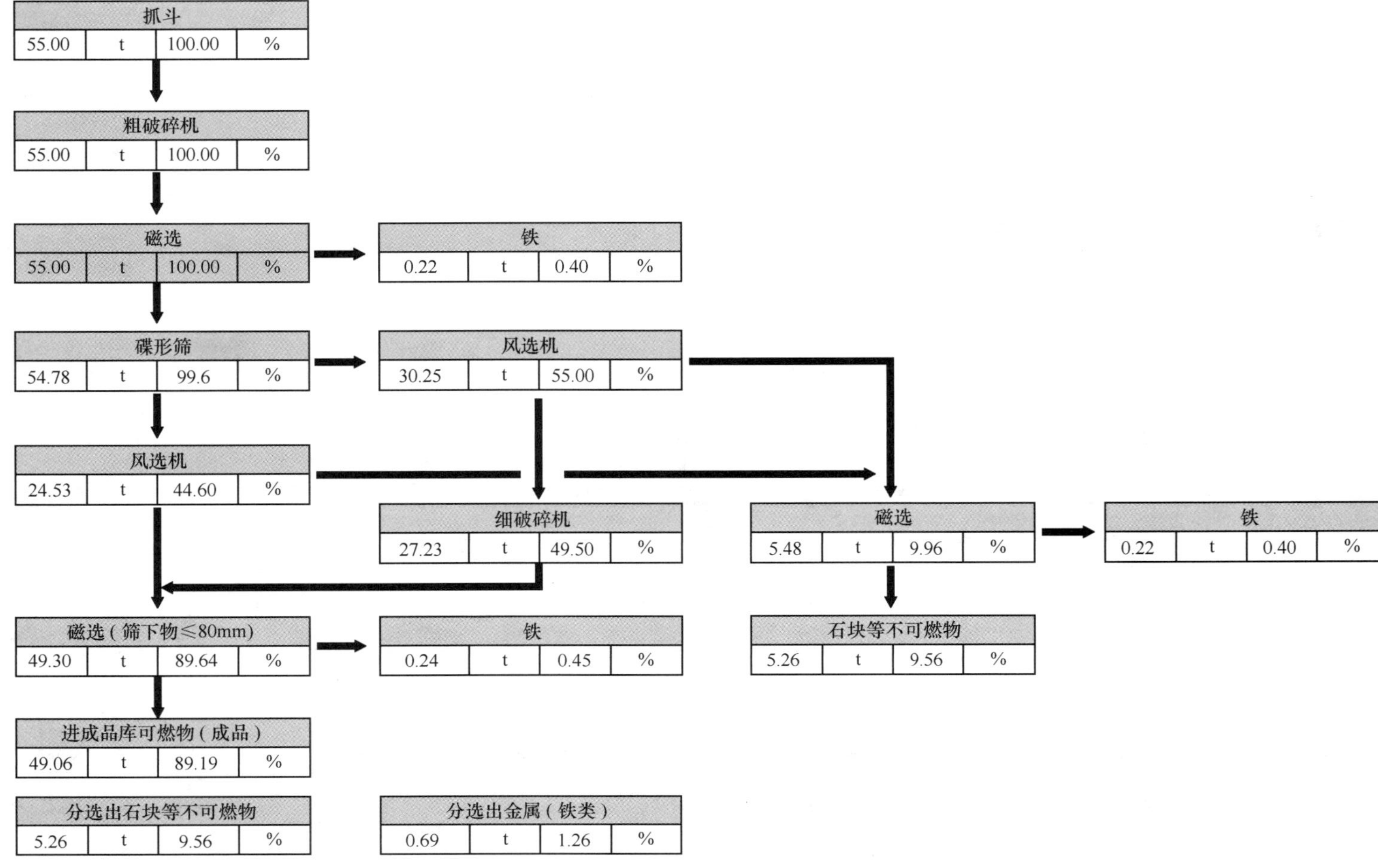

图 2-27　物料平衡图（实际物料平衡由垃圾组成确定）

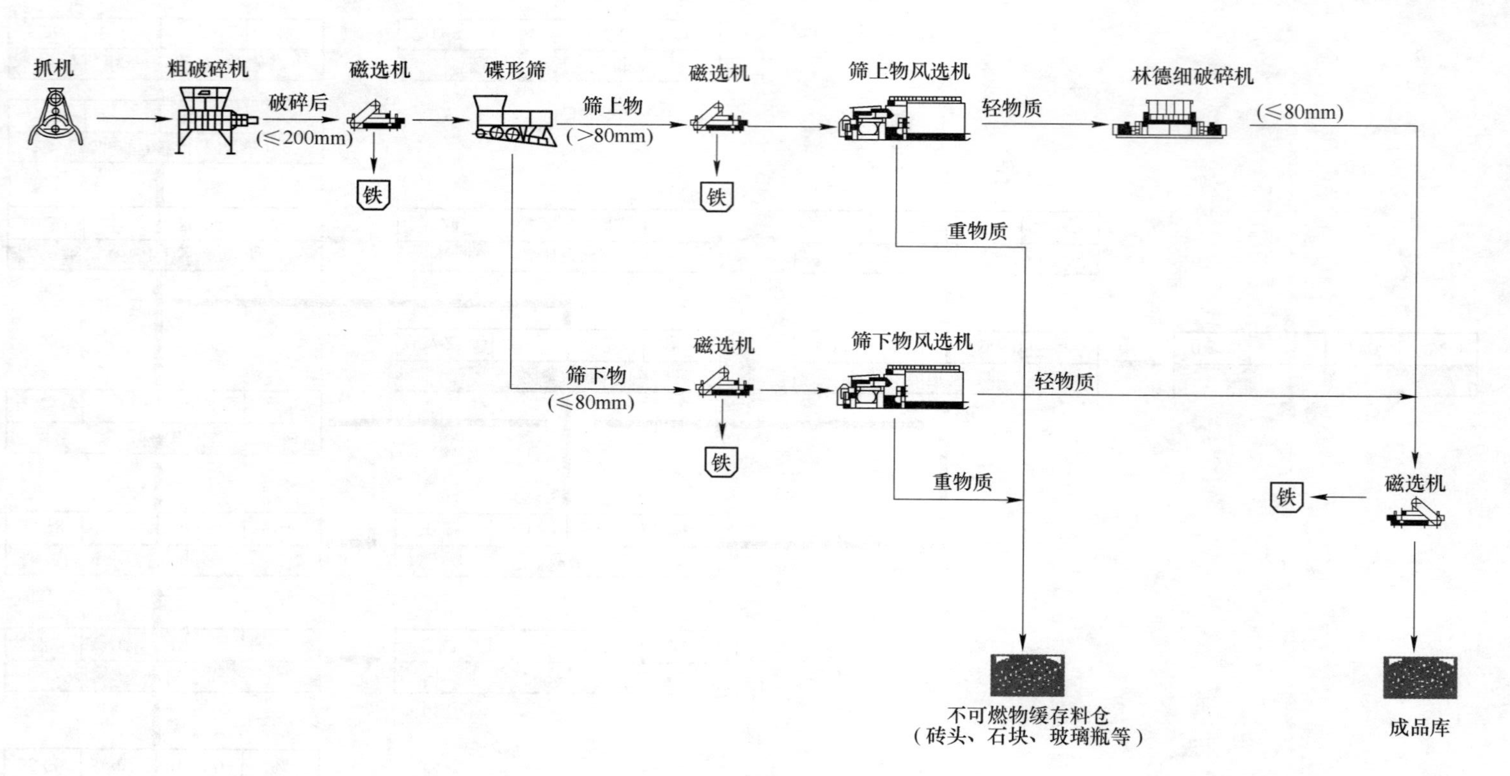

图 2-28　主工艺流程（实际设备布置由场地条件确定）

垃圾中有机物的热解过程可表示如下：

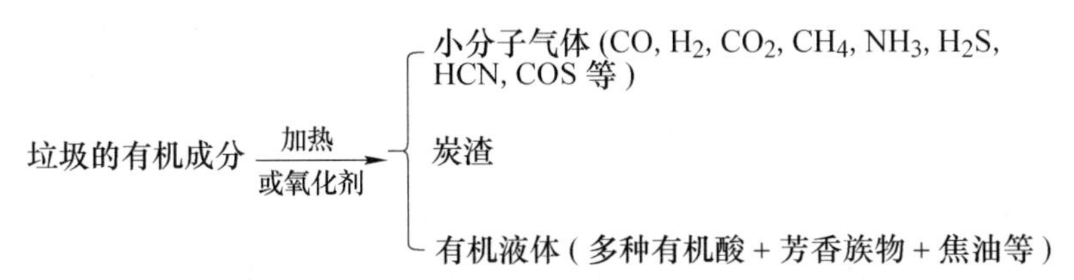

有机物热解的主要产物为：以低分子碳氢化合物为主的可燃性气体，如 H_2、CH_4、CO、CO_2 等；在常温下为液态的包括乙酸、丙酮、甲醇等化合物在内的液体混合物；纯炭与固体残留物。上述反应产物的产率取决于原料的化学结构、物理形态和热解的温度及速度。

垃圾的热解产物和下列因素有关：垃圾原料种类、入料方式、停留时间、温度、反应器型号和凝结过程等。低温-低速加热条件下，有机物分子有足够的时间在其最薄弱的接点处分解，重新结合为热稳定性固体，而难以进一步分解，固体产率增加；高温-高速加热条件下，有机物分子结构发生全面裂解，生成大范围的低分子有机物，产物中气体组分增加。对于粒度较大的有机物原料，要达到均匀的温度分布需要较长的传热时间，其中心附近的加热速度低于表面的加热速度，热解产生的气体和液体也要通过较长的传质过程，这期间将会发生许多二次反应。

2.3.2.2 主要工艺流程

垃圾热解工艺流程如图 2-29 所示。主体工艺主要包括预处理、给料、热解、产品加工与利用，以及配套的废水、废渣、烟气达标处理系统。

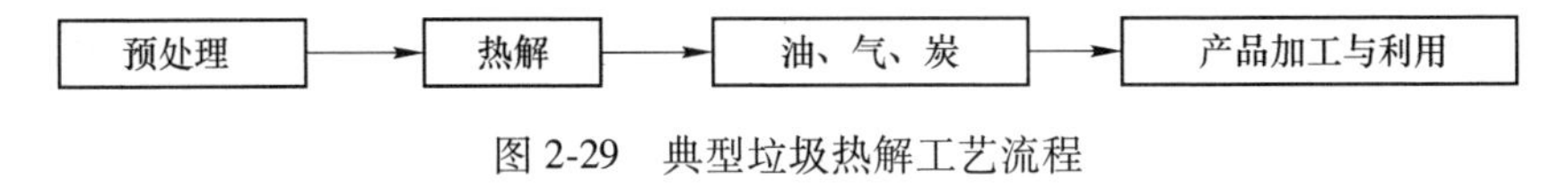

图 2-29 典型垃圾热解工艺流程

A 预处理

预处理工艺包括前文介绍的分选、破碎、干燥等，根据热解工艺的不同，需采用不同预处理组合工艺，主要目的是使物料的理化特性满足热解核心工艺需求。常见的预处理组合工艺为破袋、除铁、破碎、干燥。

B 热解

垃圾热解炉型主要分为移动床热解炉、回转窑热解炉、流化床热解炉、悬浮床热解炉和输送式热解炉等几种形式，它们具有各自的特点。移动床热解炉的结构简单、造价低，但对物料的要求较高，对含水量高的物料需要进行预烘干和进一步的粉碎，保证不粘成饼状，否则不能直接加入反应器中。未经粉碎的燃料在反应器中会使气流产生槽流，使热解效果变差，并使气流带走较多的固体物质。回转窑热解炉的物料适应性好，适用于处理危险废弃物，但回转窑热解炉处理量小，混合性能不好，传热效果不强，设备投资高，运行成本高。流化床热解炉与其他类型的反应器相比，传热效果好，温控准确，不受垃圾结块的影响；但是流化床热解气的热值低，需要辅助高热值的加热措施，运行成本高。输送式热解炉是为生产燃油而设计的，热解时物料也必须被研磨成细小的颗粒。

按照温度、升温速率、停留时间（反应时间）和样品颗粒大小等试验条件可将热解分为慢速热解和快速热解两种方式。同时，根据是否加入反应性气体，可将其分为反应性热解和惰性热解两种类型。由于垃圾中有机质热解产生的液体油能够替代燃料和化工原料使用，所以以获得最大液态产物（油）为目的的快速热解技术的研究和应用越来越受重视。

不同热解工艺的产物见表 2-4。

表 2-4　不同热解工艺的产物

工艺	停留时间	加热速率	温度/℃	主要产物
炭化	几小时~几天	极低	300~500	焦炭
加压炭化	15min~2h	中速	450	焦炭
常规热解	几小时	低速	400~600	焦炭，液体①和气体②
	5~30min	中速	700~900	焦炭和气体
真空热解	2~30min	中速	350~450	液体
快速热解	0.1~2s	高速	400~650	液体
	小于 1s	高速	650~900	液体和气体
	小于 1s	极高	1000~3000	气体

① 液体成分主要由乙酸、乙醇、丙酮及其他碳水化合物组成的焦油或化合物组成，可通过进一步处理转化为低级的燃料油。

② 气体成分主要由氧气、甲烷、碳的氧化物等气体组成。

2.3.2.3　进料要求

热解工艺一般采用电或天然气等外加热方式，即使在物料热值较低的条件下，依然可以进行热解反应，对物料的适应性较强。但出于对热解过程能耗、热解效率和产品品质考虑，需结合热解反应器特点和产品利用方式对入炉物料进行预处理。表 2-5 为某流化床热解工艺对物料的要求。

表 2-5 流化床热解炉进料要求

序号	项目	要求
1	物理特性	粒径<20mm
2	化学特性	含水率<30%
3	其他	金属、重金属、玻璃、混凝土、土、砂、砖尽可能少

2.3.2.4 设施要求

A 预处理设施

热解工艺对物料的尺寸和含水率有一定要求。考虑到垃圾的复杂成分，单一类型的粉碎机很难达到粉碎效果，常常因为缠绕、堵塞和磨损，造成设备故障和高成本运行，因此需根据物料特性，采用双轴落差、镶嵌刀片和剔齿等设计方法，解决传统粉碎机存在的问题。

生活垃圾存储和预处理过程中会涉及臭气释放，需通过阻止外泄和有组织处理达到满足《恶臭污染物排放标准》（GB 14554—1993）新扩改建二级标准限值。

恶臭污染物厂界标准值（GB 14554—1993）见表 2-6。

表 2-6 恶臭污染物厂界标准值（GB 14554—1993）

序号	控制项目	单位	一级	二级		三级	
				新扩改建	现有	新扩改建	现有
1	氨	mg/m^3	1.0	1.5	2.0	4.0	5.0
2	三甲胺	mg/m^3	0.05	0.08	0.15	0.45	0.80
3	硫化氢	mg/m^3	0.03	0.06	0.10	0.32	0.60
4	甲硫醇	mg/m^3	0.004	0.007	0.010	0.020	0.035
5	甲硫醚	mg/m^3	0.03	0.07	0.15	0.55	1.10
6	二甲二硫	mg/m^3	0.03	0.06	0.13	0.42	0.71
7	二硫化碳	mg/m^3	2.0	3.0	5.0	8.0	10
8	苯乙烯	mg/m^3	3.0	5.0	7.0	14	19
9	臭气浓度	无量纲	10	20	30	60	70

B 污水处理设施

热解设施可能的污水来源主要有垃圾产生的渗沥液、垃圾压榨脱水产生的压榨水、热解炉重整产生的冷凝水、预处理车间冲洗水、垃圾车轮胎的冲洗水、热解气/烟气净化系统污水、生活污水、初期雨水等。污染因子主要为有机物、氨氮、SS 等。

厂区的生活污水可直接进入城市下水道。厂区初期雨水经截留后进入初期雨水收集池，而后进入污水处理系统。垃圾产生的渗沥液、设备冲洗水及热解气洗涤水均进入污水处理系统，经混凝沉淀处理达标后纳入附近工业园区的污水处理系统，不具备纳管条件的厂区，污水需处理至满足相应标准后排放。

C 烟气处理设施

采用热解+二燃室工艺路线的设施，会涉及烟气污染物排放，目前国内没有专门针对生活垃圾热解污染控制标准，可参照生活垃圾焚烧污染控制标准（GB 18485—2014）对技术性能指标、烟囱高度、烟气中污染物限值的相关要求。欧盟工业排放指令（2010/75/EC）针对处理量不超过 6t/h 的垃圾焚烧装置，NO_x 排放标准低于大型焚烧装置，为 400mg/m^3。

焚烧设施污染物日均排放限值（欧盟 2010/75/EC）见表 2-7。

表 2-7 焚烧设施污染物日均排放限值（欧盟 2010/75/EC）

总粉尘	10
气态或蒸汽有机物质、即有机碳总量（TOC）	10
氯化氢（HCl）	10
氟化氢（HF）	1
二氧化硫（SO_2）	50
一氧化氮（NO）、二氧化氮（NO_2）、记为额定容量大于 6t/h 的既存垃圾焚烧装置或新增垃圾焚烧装置所排放的 NO_2	200
一氧化氮（NO）、二氧化氮（NO_2）记为额定功率不超过 6t/h 的新增垃圾焚烧装置所排放的 NO_2	400

D 相关设计标准和规范

生活垃圾热解设施设计应复合的标准和规范见表 2-8。

表 2-8 生活垃圾热解设施设计相关标准和规范

序号	标准和规范
1	《市政公用工程设计文件编制深度规定》（建质〔2013〕57 号）
2	《环境卫生设施设置标准》（CJJ 27—2012），建设部标准
3	《生活垃圾综合处理与资源利用技术要求》（GB/T 25180—2010），国家标准
4	《生活垃圾焚烧处理工程技术规范》（CJJ 90—2009），建设部标准
5	《生活垃圾焚烧污染控制标准》（GB 18485—2014），国家标准
6	《生活垃圾焚烧炉及余热锅炉》（GB/T 18750—2008），国家标准
7	《工业企业设计卫生标准》（GBZ 1—2010），国家标准
8	《工作场所有害因素职业接触限值》（GBZ 2—2007），国家标准

续表 2-8

序号	标准和规范
9	《生产过程安全卫生要求总则》（GB/T 12801—2008），国家标准
10	《污水排入城市下水道水质标准》（CJ 343—2010），建设部标准
11	《恶臭污染物排放标准》（GB 14554—1993），国家标准
12	《大气污染物综合排放标准》（GB 16297—1996），国家标准
13	《环境空气质量标准》（GB 3095—2012），国家标准
14	《地表水环境质量标准》（GB 3838—2002），国家标准
15	《地下水质量标准》（GB/T 14848—2017），国家标准
16	《声环境质量标准》（GB 3096—2008），国家标准
17	《工业企业厂界环境噪声排放标准》（GB 12348—2008），国家标准
18	《水工混凝土结构设计规范》（SL/T 191—2008），水利部标准
19	《厂矿道路设计规范》（GBJ 22—87），国家标准
20	《建筑地基基础设计规范》（GB 50007—2011），国家标准
21	《建筑地基处理技术规范》（JGJ 79—2012），建设部标准
22	《钢结构设计规范》（GB 50017—2003）
23	《开发建设项目水土保持技术规范》（GB 50433—2008），国家标准
24	《混凝土结构设计规范》（GB 50010—2010），国家标准
25	《给水排水工程构筑物结构设计规范》（GB 50069—2002），国家标准
26	《砌体结构设计规范》（GB 50003—2011），国家标准
27	《室外排水设计规范》（GB 50014—2006），国家标准
28	《给水排水工程钢筋混凝土水池结构设计规程》（CECS138—2002）
29	《建筑给水排水设计规范》（GB 50010—2002），国家标准
30	《供配电系统设计规范》（GB 50052—2009），国家标准
31	《低压配电设计规范》（GB 50054—2011），国家标准
32	《电力工程电缆设计规范》（GB 50217—2007），国家标准
33	《爆炸及火灾危险环境电力装置设计规范》（GB 50058—2014），国家标准
34	《建筑灭火器配置设计规范》（GB 50140—2005），国家标准
35	《民用建筑电气设计规范》（JGJ16—2008）
36	《建筑物防雷设计规范》（GB 50057—2010），国家标准
37	《工业建筑供暖通风与空气调节设计规范》（GB 50019—2003），国家标准
38	《工业企业总平面设计规范》（GB 50187—2012），国家标准
39	《总图制图标准》（GB/T 50103—2010），国家标准

2.3.2.5　产品出路

A　热解炭的利用

生物炭是热解的固相产物，具有丰富的孔隙结构、较高的稳定性。目前对生物炭的研究较多，但主要集中在单一的农林废弃物的研究中。经再加工满足产品标准的生物炭可运用于污水处理以及土壤修复。

生活垃圾热解炭品质及产品标准见表2-9。

表2-9　生活垃圾热解炭品质及产品标准

项　目	生活垃圾热解炉渣	有机肥标准（NY 525—2012）	肥料标准（GB/T 23349—2009）
砷（As）	10.5	≤15	≤50
汞（Hg）	0.022	≤2	≤5
铅（Pb）	818	≤50	≤200
镉（Cd）	0.67	≤3	≤10
铬（Cr）	393	≤150	≤500

B　热解液的利用

有机垃圾热解产生的热解油颜色呈深棕色，酸性，有黏性，为具有刺激性气味的液体。热解油主要成分为水，还含有如酸、醇、醛、酮、苯酚、呋喃等多种具有含氧官能团的有机物，热解油成分不稳定。热解油是一种初级的“原油”，油品较低，需经过分离和处理才能进一步利用。目前有关热解油的研究主要集中在快速热解制取热解油及热解油精制方面，热解油经过催化处理后，可用于提取和制备化学物质、气化制备合成气、水蒸气重整制氢、和化石燃料共燃、锅炉燃烧、内燃机燃烧和乳化燃烧等。

生活垃圾和农林废弃物热解液的含水率较高、成分复杂，经过油水分离后制得的油品不能直接利用，需要进行精制处理。目前尚没有专门针对生活垃圾和农林废弃物热解液进行精制的技术方法，可借鉴油品精制方法，进行生活垃圾热解液的精馏或者精制，油品精制方法主要有催化加氢、催化裂解、乳化、加甲醇提质等。

C　热解气的利用

有机垃圾热解产生的热解气体含有 H_2，CO，CH_4 和其他小分子脂肪烃类气体。目前，与垃圾热解和气化相关的研究开展得较多，主要通过催化剂和气化介质等的添加改善可燃气体的体积分数，从而提高热解气体的利用价值。热解气体可以被用作低热值燃料，可应用于干燥、过程加热，作为发电燃料或者改性为热值较高的产品，也可作为垃圾热解反应部分的能量来源。

2.3.2.6 处理案例

A 流化床慢速热解（炭化）

该工艺以生产热解炭为目标产物，工艺流程：

（1）预处理系统。外运垃圾在垃圾池短暂停留进入后续预处理系统。其中粉碎系统是将垃圾破袋、机械脱水并粉碎成小的颗粒，干燥系统利用余热和再生的部分可燃气等，将粉碎后的垃圾通过蒸发和风干将垃圾的水分含量降低，以保证裂解的高效进行。

（2）裂解系统。在完全没有空气（氧气）的条件下，利用再生的燃气作为热源气并复合一定额度的外加热，使得裂解炉温度和升温速度达到工艺设计要求，从而能够快速高效地将垃圾中的所有有机物质分解成燃气、生物炭和部分液体化合物。

（3）冷凝/热交换系统。将产生的部分燃气能量经热交换器进行交换利用。

（4）废气及废水处理系统。通过气体收集设备将装置产生的异味气体送往净化系统集中处理。池底部渗滤液及系统产生的其他废水收集后送至污水处理系统。

（5）产品加工系统。可根据可燃气、生物炭、焦油等裂解出的产物，通过工艺参数设计，分离、净化、合成等系统加工成燃气、燃油、或成品肥料等产品。

生活垃圾炭化工艺流程如图 2-30 所示。

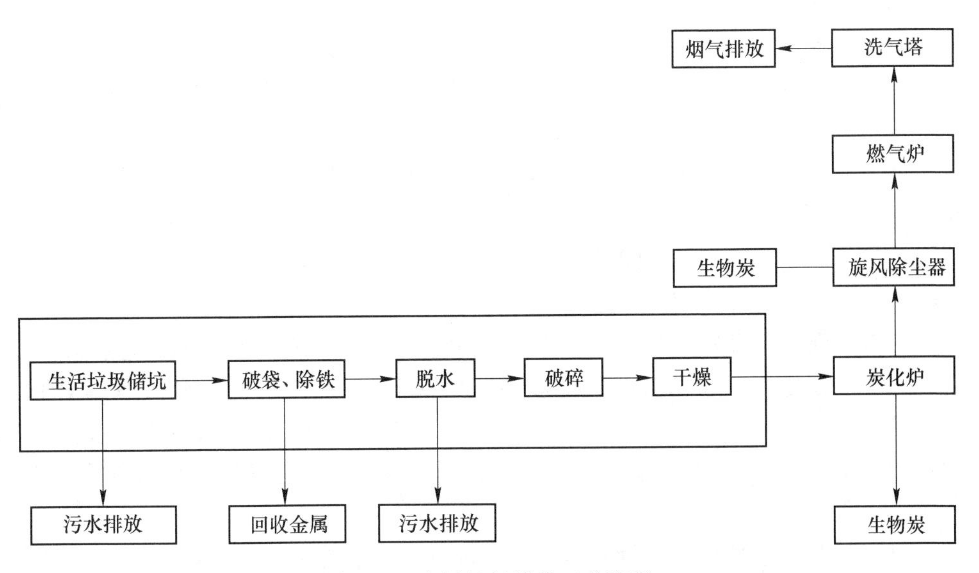

图 2-30 生活垃圾炭化工艺流程

流化床热解反应器及炭产品如图 2-31 所示。

图 2-31　流化床热解

工艺特点：

（1）垃圾入炉水分≤30%，垃圾需要破碎、脱水及烘干。

（2）反应器形式：流化床炉（不用石英砂作为介质，不同于常规流化床炉）。

（3）垃圾裂解炉控制温度：500～600℃。

（4）裂解炉处置垃圾能力设计 60t/d，实际处理量为 40t/d 左右。

（5）裂解炉产生炭粉约占垃圾量的 11%左右（旋风除尘后得到，含碳量约占 60%）。

（6）裂解炉焦油产量约为垃圾量的 1%，焦油混在裂解气中经洗涤后进入污水中。

（7）大块炉渣排放量为 1.5%（裂解炉底排出）。

B　200t/d 旋转床热解

神雾环保在河北霸州市胜芳镇的 200t/d 生活垃圾热解示范项目，总投资 1.2 亿元，处理规模 200t/d，占地 50 亩，属国家科技部“十二五”科技支撑计划、国家“京津冀协同发展一体化”重大专项、北京市科委重点科技课题支持项目。项目于 2014 年 7 月开工建设，2015 年 7 月项目完工，9 月通过北京市科委验收，2016 年 2 月正式投产。

整个工艺包括预处理、旋转床热解、油气分离、热解炭气化以及热解气发电系统。下面重点介绍该工艺的旋转床热解系统。旋转床外径约为 25m 左右，采用蓄热式辐射管加热方式，辐射管由燃气燃烧加热，辐射管温度为900℃，旋转炉的下部位采用水封保证系统密封性。采用环形炉底，炉底转动，物料相对炉底不动，通过控制料层厚度和炉底旋转速度，控制处理量和物料停留时间。霸州项目料层厚度控制在60~80mm，停留时间为约40~50min，根据来料种类和性质不同，适当调整料层厚度和停留时间。物料在旋转炉内由室温经辐射管直接辐射加热升温至900℃，依次经过脱水干燥区、热解反应区和出料区，其中热解区温度最高，约在850~900℃左右，而出料区温度维持在500~600℃左右。热解炭由底部密封排出至螺旋输送机。该设备排渣系统采用多级螺旋输送机，每级安装喷雾冷却装置，在冷却高温热解炭防止其接触空气发生燃烧的同时，还能保持炭的干燥，利于后期热解炭气化制气。经三级密封出料装置+水喷雾冷后收集，产生的油气由上部进入油气分离和净化系统。

河北霸州生活垃圾热解示范项目如图2-32所示。

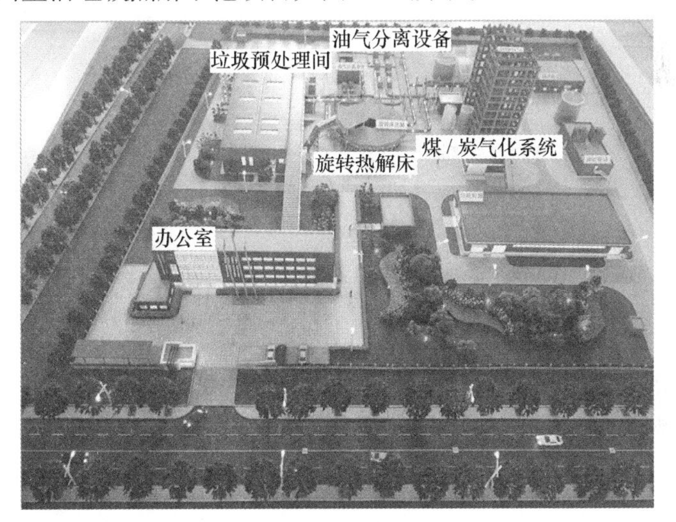

图2-32 河北霸州生活垃圾热解示范项目

旋转床热解炉如图2-33所示。

2.3.3 气化技术

2.3.3.1 原理及工艺介绍

生活垃圾气化是指采用空气/氧气、水蒸气等作为气化剂，在高温、缺氧条件下将生活垃圾中的可燃部分转化为可燃气（主要为氢气、一氧化碳和甲烷）的热化学反应。按照氧化剂的不同可以分为空气气化、氧气气化、水蒸气气化等，按照气化方式的不同可以分为一般气化和等离子体气化。生活垃圾气化是对生活垃圾进行热化学处理并得到可燃气体的过程。生活垃圾中含有各种元素，其

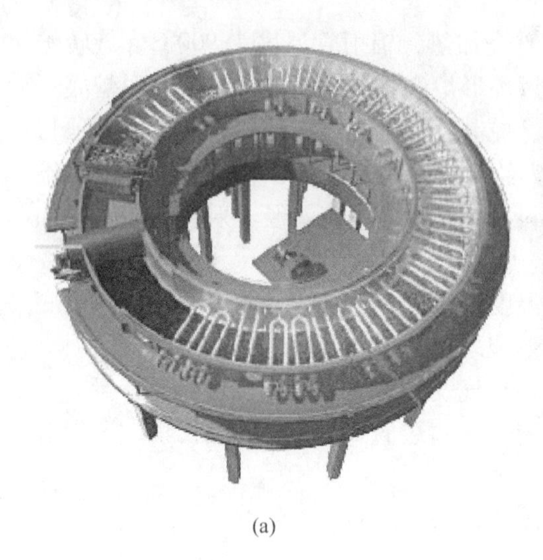

(a)

(b)

图 2-33　旋转床热解炉

（a）旋转床示意图；（b）霸州项目旋转床热解炉

分子结构复杂，气化反应的机理也很复杂，包括各串联的和平行的单元反应，有裂解和缩聚、氧化和还原、吸热和放热等。

采用气化法处理生活垃圾，其气化产品单一，后续处理系统较简单，投资相对较低，既保证了对生活垃圾进行无害化处理，又将废物中的有机可燃成分转化为可燃气体，实现生活垃圾的资源化利用。

生活垃圾气化采用的技术路线种类繁多，可从不同的角度对其进行分类。根据燃气产生机理可分为热解气化和反应性气化，其中反应性气化又可根据反应气氛的不同划分为空气气化、氧气气化、水蒸气气化和氢气气化。根据采用的气化反应器的不同又可分为固定床气化、流化床气化和气流床气化。另外，还可以根据气化规模的大小、气化反应压力的不同对气化技术进行分类。在气化过程中使用不同的气化剂、采取不同的运行方法以及过程运行条件，可以得到不同热值的燃料气。生活垃圾气化处理工艺包括从气化原料的预处理到熔融渣的再生利用、合成气的净化及综合利用，图 2-34 显示了一种比较完整的气化工艺流程。生活垃圾经机械分选除去不可燃物后，由给料装置输送到气化反应器中，在 700～1000℃的高温下，生活垃圾经气化反应转变成气体和灰渣。由于产生的气体中含有大量的焦油，为减少焦油对设备的损害，增加气体产率，必须将焦油除去。在焦油催化裂解装置中，在催化剂白云石（主要成分 $MgCO_3$ 和 $CaCO_3$）的催化作用下，焦油发生裂解并生成 CO、CH_4、C_mH_n 等小分子有机化合物。随后气体进入除尘器，气体中携带的大部分未燃尽固体颗粒、部分无机盐类和重金属形成飞灰与气相分离进而被除去。接着气体进入冷却塔，利用烟气急冷技术使可燃气体温度

降低到100℃以下。被冷却的气体随即进入装有 NaOH 溶液的吸收塔中，HCl 类物质被吸收，而且去除率非常高，可使 HCl 的浓度降低到 25×10^{-6}mg/L，同时部分微粒烟尘和重金属也被除去。随后混合气体进入 H_2S 吸收塔，在吸收塔中 H_2S 气体与胺基吸收剂发生化学反应，通过一系列的回收工艺，可对气体中的硫进行回收利用，并得到副产品 H_2SO_4。最终得到的燃气一部分可以进入燃气锅炉或燃气轮机产生动力用于发电，另一部分经过进一步的分离和净化，气体可用于化学工业合成并得到液体燃料。生活垃圾气化后产生的灰渣在熔融炉中进行熔融处理，熔融灰渣中的金属合金可以很容易地分离出来以便于再次利用；同时，熔融灰渣也是很好的建筑材料。对除尘器中捕集的飞灰直接进行卫生填埋以消除其危害。

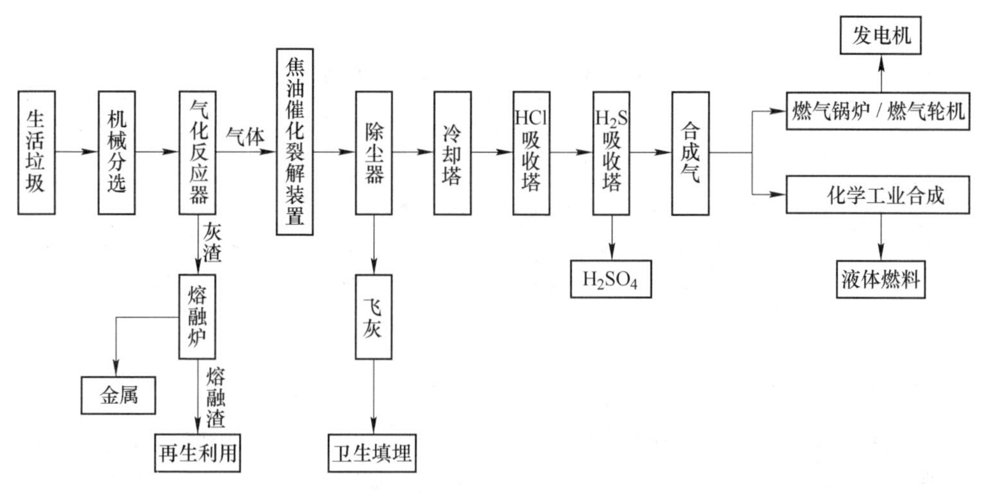

图 2-34　生活垃圾气化流程

2.3.3.2　主要工艺流程

垃圾气化工艺流程如图 2-35 所示。主体工艺主要包括预处理、给料、气化、产品加工与利用，以及配套的废水、废渣、烟气达标处理系统。

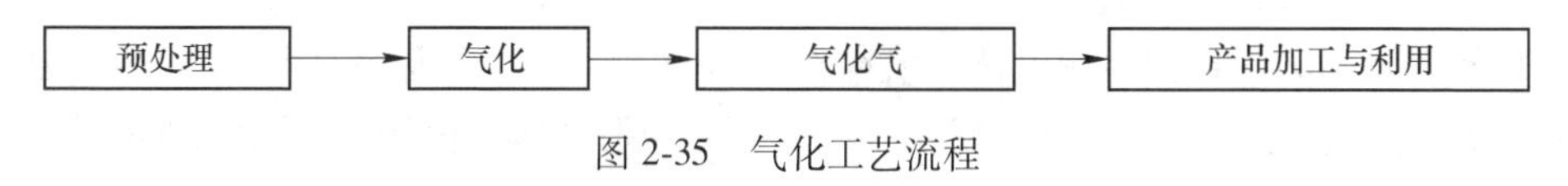

图 2-35　气化工艺流程

A　预处理

气化工艺的预处理与热解类似，主要包括分选、破碎、干燥等。由于气化一般为内热式反应器，即通过物料的不完全氧化释放热量维持气化反应持续进行，因此气化工艺的预处理对物料的脱水干燥环节相对热解要求更高。

B　气化

生活垃圾气化过程可分为两个阶段，第一个阶段是热分解气化阶段，是在低于600℃条件下挥发分的析出和气化燃烧过程，也是生活垃圾中可燃组分在高温条件下的分解或聚合化学反应过程，反应产物主要包括各种烃类、固定碳和灰分。第二个阶段是热解残留的固定碳与水蒸气或氢气发生反应，或者是碳与氧气发生气化燃烧反应的阶段。

2.3.3.3 进料要求

气化工艺对垃圾理化特性的要求因工艺类型的不同而有所不同，但总体要求主要针对垃圾的尺寸、热值、杂质含量等，表2-10所示为某生活垃圾气化工艺的进料要求。需要指出的是，由于气化属于内热式反应，相对于热解，物料需满足一定的热值要求才能维持气化反应的持续进行。

表2-10 某生活垃圾气化工艺进料要求

序号	项目	要　求
1	物理特性	直径12~50mm，厚度6~16mm
2	化学特性	热值>15MJ/kg，碳含量大于45%，无机物<20%，含水率为15%~20%
3	其他	金属、重金属、玻璃、混凝土、土、砂、砖尽可能少，不能含有有害的废物如医疗废物、放射性废物、有毒的化学物品、爆炸性物品等

2.3.3.4 设施要求

生活垃圾空气气化设施在预处理、污水处理、烟气处理等环节要求与热解技术类似，针对纯氧/富氧气化工艺空分设备，需满足《大中型空分设备标准规范》(JBT 8693—2017)。

2.3.3.5 产品出路

A 合成气净化发电

采用空气气化、富氧气化及纯氧气化、蒸汽气化等不同方式气化的气体中由于不可燃含量不同，单位体积气体热值存在显著差异，空气气化气体热值在4~7MJ/m^3，富氧气化气体热值在10~15MJ/m^3，蒸汽气化气体热值可达到15~20MJ/m^3。气化的影响因素很多，包括过量空气系数、温度、停留时间、气化炉类型、垃圾物理化学特性等。

合成气热值较高，符合直接发电要求。合成气发电的原动机分为燃气内燃机、燃气轮机、IGCC系统，表2-11对各系统进行简要对比。通过对比可知，燃气轮机发电效率较低，余热品质高，可以产生较多蒸汽，适合对发电和蒸汽都有需求的场合；燃气内燃机发电效率为40%~45%，设备集成度高，运行稳定；IGCC发电效率最高，为45%~55%，但是系统复杂，同时装机容量需要高于6MW。

表 2-11 合成气发电效率对比

原动机类型	燃气内燃机	燃气轮机	IGCC
额定功率范围 /kW	5~10000	500~30000	6000~30000
发电效率/%	35~45	20~38	40~55
余热回收/℃	烟气：400~650 缸套水：30~110 润滑油冷却水：40~65	烟气：400~650	烟气：200
启动时间	较短	长	短
负荷动态响应	较好	较好	较好
所需燃气压力 /MPa	≤0.5	≥1.0	≥1.0
氮氧化物 NO_x 排放水平/$\times10^{-6}$（含氧量 15%）	45~200（无控制时）； 4~20（SCR 选择性催化还原）	150~300（无控制时）； 25（DLN 干式低排放）	150~300（无控制时）； 25（DLN 干式低排放）

内燃机目前有两大适合市场产品，即国产的淄博柴油机厂的合成气中低速发电机，热电转化效率大于 33%。另外是 GE 颜巴赫合成气中高速发电机，热电转化效率 45%。两家产品均适用于氢气含量大于 30%，且允许变化范围大于 15% 的燃气。

不同气化条件下合成气组成见表 2-12。

B 合成气制化工产品

合成气中的 CO 和 H_2 可以作为化工产品的合成原料，如甲醇、乙醇等。目前普遍研究的合成气化学法生产乙醇有两种：一种是甲醇羰基化。美国联碳公司利用 Co(OAc)-12 催化剂、甲醇与合成气反应制取乙醇，获得了较高的转化率和产品选择性；壳牌公司用甲醇和合成气在 CoI_2、$CoBr_2$ 的催化作用下反应，甲醇转化率可达 51.1%，乙醇选择性 63.8%。另一种方法是合成气在催化剂的作用下直接合成乙醇，美国联碳公司开发的 Rh 系催化剂、德国 Hoechst 公司开发的 Rh-Mg 系催化剂和法国 IFP 开发的 Co-Cu-Cr-碱系催化剂，都取得了一定进展。虽然国内外已在该领域开展了大量研究工作，但在目标产物转化率和收率方面还有待进一步提高，因此该方法目前尚未得到工业应用。加拿大 Enerkem 公司开发了以城市垃圾为原料，经气化、合成气净化、甲醇羰基化生产乙醇的成套技术，该工艺每 10t 垃圾可生产 3t 乙醇；并在加拿大埃德蒙顿废物处理中心建成商业运行项目，处理规模：RDF 350t/d，对应市政垃圾处理量 1000t/d；生产线：甲醇生产线已运行，乙醇（年产 30000t）生产线于 2016 年建成。

表 2-12　不同气化条件下合成气组成

工艺	工况				合成气成分（体积分数）/%							合成气热值（标态）/MJ·m^{-3}	气化效率/%	产气量（标态）/$m^3 \cdot kg^{-1}$	参考文献
	温度/℃	过量空气系数	蒸汽/物料	催化剂	H_2	CO	CO_2	CH_4	C_2H_4	C_2H_6	N_2				
无氧热解（本项目）	800	—	约1	无	25.0	32.0	15.0	17.0	7.0		—	17.0	85.0		
无氧催化热解	900	—	—	无	15.5	21.2	26.9	19.8	13.17	3.45	—	12.4	33.9	0.58	M. He，2010
	900	—	—	白云石	36.2	30.12	10.8	16.2	5.3	1.3	—	13.9	81.1	1.2	
	800	—	—	白云石	28.4	25.7	16.0	18.4	7.7	3.8	—	13.6	55.5	0.9	
无氧水蒸汽催化气化	900	—	0.39	无	27.5	20.8	22.9	12.7	7.7	8.3	—	15.0	31.7	0.5	M. He et al，2009
		—	0.39	白云石	32.6	55.6	10.9	0.6	0.2	0.1	—	15.02	34.4	0.7	
		—	0.68	白云石	51.7	28.9	18.7	0.2	0.2	0.3	—	10.78	52.2	1.2	
		—	1.04	白云石	53.2	25.7	20.6	0.2	0.2	0.1	—	9.09	70.4	1.7	
水蒸气气化	750~800	—	0	无	28.4	35.6	13.2	22.8			—	10	41	0.85	N Couto，2016
		—	0.73	无	48.7	22.8	15.7	12.8			—	9	46	1.2	
		—	1.23	无	55.9	17.6	20.8	5.7			—	7.5	52	1.35	
空气气化	850	0		无	17.2	31.3	18.8	15.6	15.6	1.6	—	21.6	67.0	0.4	Dong，2016
	850	0.4		无	5.9	14.5	21.1	2.0	1.3	0.3	55.0	9.1	56.0	0.8	
空气+水蒸气	850~1000	0.3	0.4	无	15.76	14.06	14.04	1.13	0.76		52.3	4.4	—	—	S. Yang，2011
氧气		0.3		无	19.4	18.85	47.16	6.61	2.13			8.1	—	—	
氧气+水蒸气		0.3	0.4	无	23.54	23.71	40.58	3.29	3.32			8.69	—	—	

合成气制乙醇的三种技术路线如图 2-36 所示。

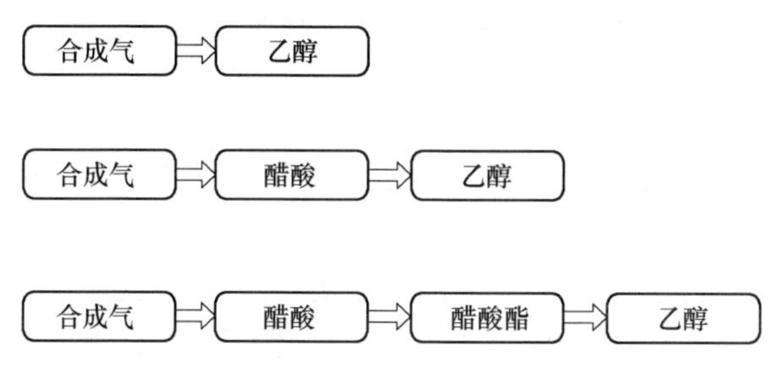

图 2-36　合成气制乙醇的三种技术路线

合成气二步法制乙醇如图 2-37 所示。

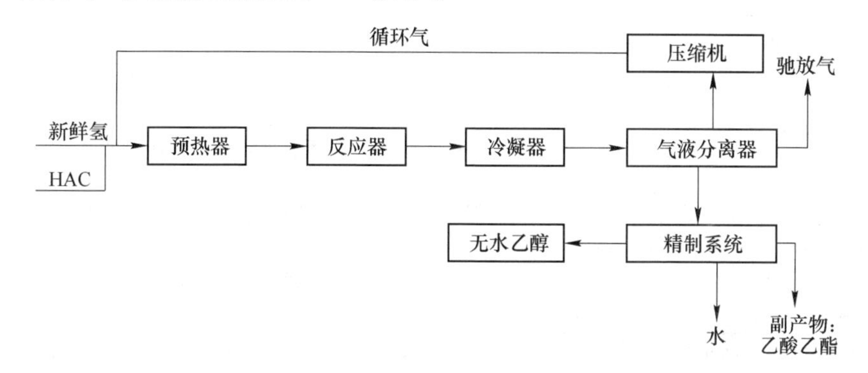

图 2-37　合成气二步法制乙醇

合成气一步法制乙醇如图 2-38 所示。

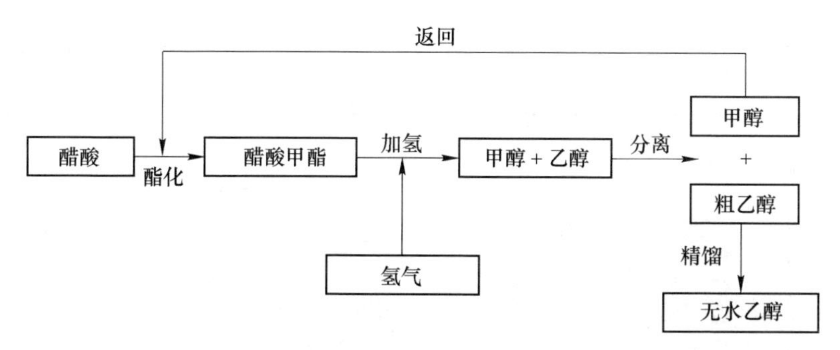

图 2-38　合成气一步法制乙醇

2.3.3.6　处理案例

A　小型农村生活垃圾气化工艺

在我国广西、贵州等西南省市，由于生活垃圾转运集中处理较难，小型气化工艺应用较为广泛。该工艺采用气化+焚烧工艺路线，处理能力从 1t/d 到 200t/d 不等，其中以 10t/d 以下处理规模较为常见。典型气化工艺的主要技术参数和系统示意图见表 2-13 和图 2-39。

表 2-13　小型气化设备主要技术参数

处理能力/t·d^{-1}		10~150			
入炉物料		热值≥3300kJ/kg 的固体废弃物			
辅助燃料		首次点火需要借助木柴引燃，稳定运行后无需任何辅助燃料			
二燃室温度/℃		≥850~1100			
二燃室烟气停留时间/s		≥3			
工作时间		355d/a，24h/d			
垃圾减量率		≥97%			
“三废”排放		废渣：炉渣属一般废弃物，热灼减率≤5%；飞灰及炉渣低于《生活垃圾填埋场控制标准》（GB 16889—2008）的限值 废气：低于《生活垃圾焚烧污染控制标准》（GB 18485—2014）的限值 废水：渗滤液			
设备占地面积/m^2		110	110	140	160
电耗/kW·h·d^{-1}		150	230	300	420
水耗/m^3·d^{-1}		0	0	0	0
产热量/t·h^{-1}	热水（70℃）	2	4	6	10
	或饱和蒸汽（0.1MPa）	0.2	0.4	0.6	1
人工/人·班次$^{-1}$		1	1	2	2
维修保养		每半年停炉一次，人工清除二燃室内积灰；5 年更换一次耐火材料			
设备寿命		20 年			

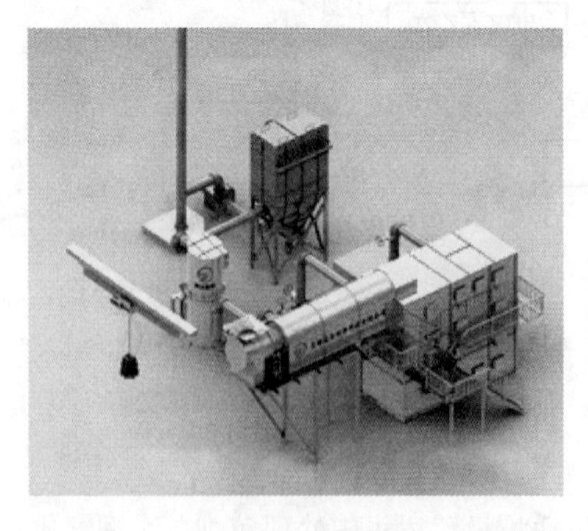

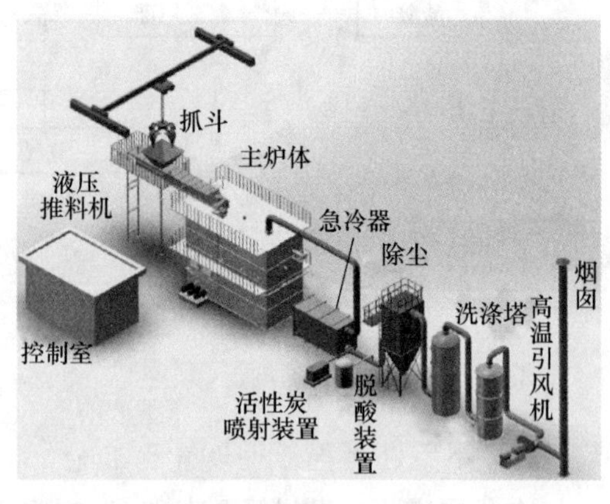

图 2-39　小型农村生活垃圾气化系统示意图

与农村垃圾处理目前大多采用的转运、填埋、分选、堆肥以及焚烧等技术相比，气化技术，因在环保特征方面的优势，被认为是可以替代污染严重的小型焚烧炉的新型工艺技术。尽管目前市场上流行的气化处理设备不少，技术路线迥异，但普遍面临着系统运行稳定性、排放达标、经济可行性难以兼顾的问题。

B 生活垃圾气化制乙醇技术

加拿大 Enerkem 拥有生活垃圾→RDF→气化制乙醇技术，通过纯氧气化产生合成气，合成气经催化合成生产甲醇和乙醇。该技术通过将原生垃圾经分选、破碎、干燥等前处理工艺将原生生活垃圾加工成适应核心气化工艺的 RDF，1000t 原生生活垃圾可生产约 300tRDF（具体 RDF 产量由垃圾中可燃组分含量确定），可生产约 600~900t 燃料乙醇，该技术污染排放低、产品附加值高。2013 年，在加拿大埃德蒙顿废物处理中心建成 350t/dRDF（对应市政垃圾处理量 1000t/d）处理设施，采用两步法制乙醇工艺，甲醇生产线已运行，乙醇生产线于 2016 年建成，2017 年底乙醇线逐步加负荷运行。工艺流程图如图 2-40 所示。

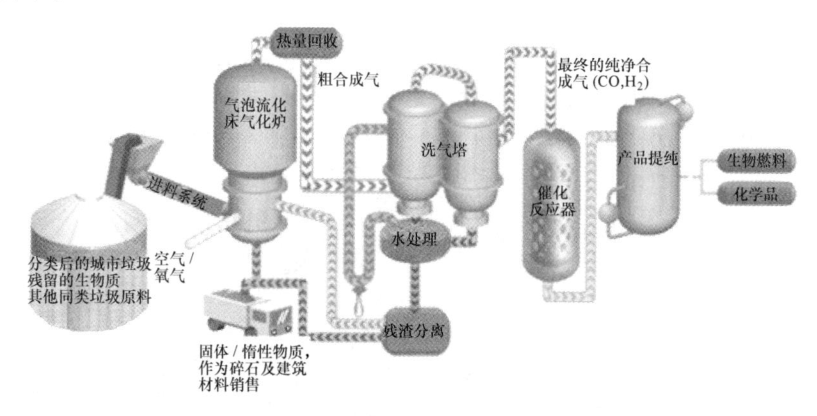

图 2-40 加拿大 Enerkem 生活垃圾纯氧气化制乙醇工艺流程

2.4 分类湿垃圾预处理技术

2.4.1 湿垃圾粉碎设备

2.4.1.1 破袋机

破袋机（图 2-41）专门针对袋装垃圾进行破袋分选。链条输送带往转子方向送料，垃圾袋被转子上的撕拉梳捕获固定后，被经过的撕拉叉撕破。大片塑料袋、塑料膜或泡沫塑料等会被继续破碎，小片垃圾直接坠入转子下方的客户端垃圾传送带以待后续粉碎处理。

(a)

(b)

图 2-41 破袋机 Typ ARK

(a) 针对可回收垃圾，处理能力 20t/h；(b) 针对有机垃圾，处理能力 50t/h

2.4.1.2 破碎分选制浆系统

破碎分选制浆系统主要由破碎分选制浆机（图 2-42）、暂存罐及配套输送系统组成。物料通过斗式提升机进入进料器内进行挤压破碎，然后在主轴的带动下由进料腔进入到破碎腔由破碎刀具进行破碎，再经过过滤筛筒，蛋白质油脂等有用成分通过过滤筛筒由回收料出口流出，不能通过过滤筛筒的杂质在刀具的带动下由废弃料出口排出。该系统能将物料中的有机物进一步破碎的同时将浆液中塑料纤维等轻型异物质分选出来，制浆后浆料的颗粒直径小于 10mm。

图 2-42 破碎分选制浆机

制浆后的浆料进入除砂罐内，将重型物质沉降后通过底部排砂装置排出外运，浆料直接自留进入浆液缓存箱内。

2.4.1.3 破碎机

小型的双轴破碎机也可应用于湿垃圾粉碎。

Unihacker 破碎机（图 2-43）外部由一体化机壳和刀具前端的速开门组成。内部构造为置放双轴和刀具的工作空间、联动装置，以及两者中间的密封检查层，层中注入润滑和检查液体，监控有无液体从工作空间渗出。两组刀盘架在上下两轴上，每组 9 把刀盘，刀盘有三种型号，分别具有不同齿型、齿数和宽度。上下刀盘转动咬合，回转泵送料如图 2-43（右）所示从左往右，也可以反向从右往左。通过调节刀具型号和转速以达到不同的破碎度。其规格从小型 $20m^3/h$，$80m^3/h$，$180m^3/h$，$250m^3/h$ 到大型的 $330m^3/h$ 不等。应用于污泥污水处理、沥青垃圾处理、用于焚烧的新鲜水泥粉碎等。

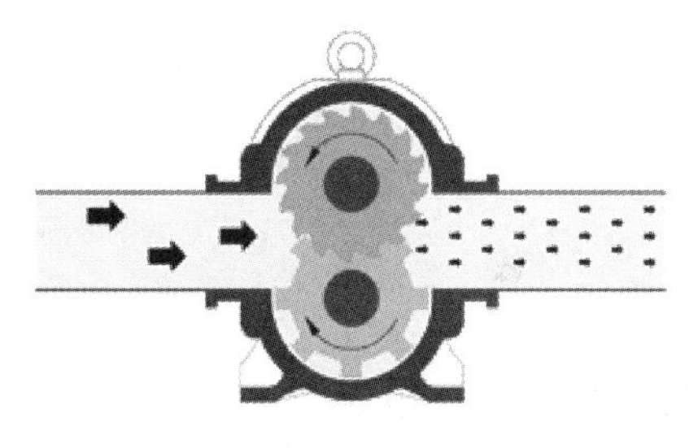

从左往右模式

图 2-43　Unihacker 双轴破碎机（Börger）

同时常用孔盘粉碎机粉碎湿垃圾。Börger 公司的 Multichopper Plus 孔盘粉碎机（图 2-44）用于湿垃圾粉碎，包括木材厂的污水处理、餐厨垃圾提炼生物柴油预处理、化妆品厂家从自然蔬果提炼原料的预处理等，规格从 $80m^3/h$，$250m^3/h$ 到 $400m^3/h$ 不等。进料通过回转泵被吸入机器内，通过调节输入量、孔盘上的孔大小和刀速以达到不同粉碎度。回转泵也可反向送料（图 2-44（中）中流动箭头方向相反）。刀具置于刀架后，使用电机下方的机械刀具拉紧调解装置以达最佳刀具张力。

2.4.2　湿垃圾筛分

2.4.2.1　大物质分选系统

餐厨垃圾的成分非常复杂，常常混入塑料袋、玻璃瓶、餐具、厨具、瓶盖、纸盒等杂物。为保证后续设备正常运行、产品的稳定性，需要对原料进行有效分拣，将这些无法利用、利用价值低的杂物拣出。餐厨垃圾通过斗式提升机首先进入大物质分选机内部滚筒筛分装置，滚筒筒壁上沿进料端到出料端开设有开孔，无机大杂质物质被截留在筒内，最后落入输送机内外运。粒径小的

图 2-44　孔盘粉碎机 Multichopper Plus（Börger）

1—速开门：可快速打开接触机器内部件；2—刀架：转动单位，固定刀具及其转轴，有多臂刀架供选择；
3—孔盘：固定单位，有不同尺寸的开孔供选择，可正反两面用；
4—固体收集斗：无法切割的固体（如金属）由离心力甩出分离到收集斗；
5——体式外壳；6—电机直接通过法兰连接

有机物质则进入出料斗中，通过斗式提升机再次提升进入破碎分选制浆机内进行破碎制浆。

大物质分选机如图 2-45 所示。

图 2-45　大物质分选机

2.4.2.2　星形筛和滚筒筛

筛分是通过调节转速分离不同大小颗粒，干湿皆可。

常用筛子如图 2-46 所示。

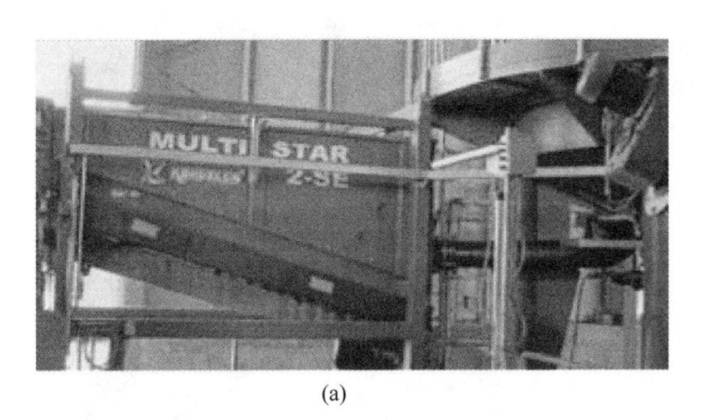

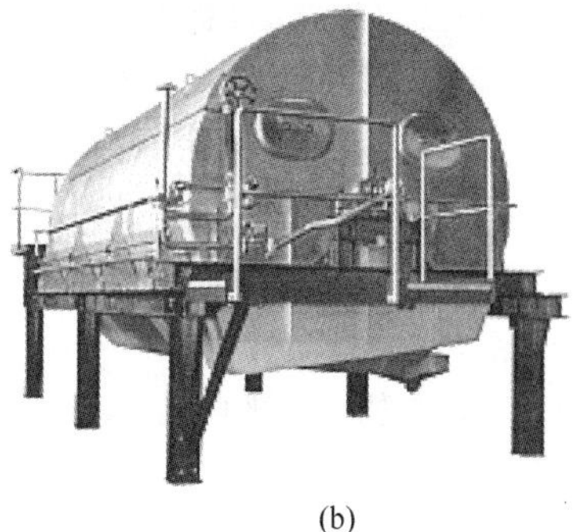

(a) (b)

图 2-46 常用星状筛和滚筒筛

（a）星状筛 Komptech；（b）滚筒筛 Maschinenbau Lohse

2.4.3 加热除砂系统

对餐厨浆料在加热除砂系统内在高温高压条件下进行湿热处理。通过湿解处理，在蒸汽的作用下，可以将结合在黏稠物料内的动植物油充分分离出来；同时，降低浆料黏度系数，具备更加良好的流动性，便于后续处理。该系统主要设备是一组储罐，其容量为设计处理量的 40%~50%。在储罐中设置一沉渣区，分离出砂石类重杂质。

加热罐如图 2-47 所示。

图 2-47 加热罐

沉砂的原理主要是利用重力沉淀出比重较大物质，如骨头、贝壳、玻璃、陶瓷、金属等。为防止重型物质对后续设备、泵、管道等造成损害，防止厌氧消化系统的罐体中沉降淤积，该项目设置三重除砂保障，初清机、破碎制浆机以及加热罐均各自具备除砂排砂功能。其中加热罐顶部设有搅拌机，伴有适度的搅拌，使有机固形物保持悬浮状态而不沉淀。

加热罐底部排砂系统如图 2-48 所示。

图 2-48　加热罐底部排砂系统

2.4.4　三相分离系统

餐厨物料经湿热处理后泵入三相离心机中，分离出水、固、油三相。分离出的固渣通过一台餐厨厂至焚烧厂短驳车辆，外运至焚烧厂处置。车上设有挂桶机构，将垃圾标准桶提升至车厢顶部，再通过翻料机构将固渣倒入容器内。

三相分离机如图 2-49 所示。

图 2-49　三相分离机

2.5　湿垃圾就地和集中处理技术

农村湿垃圾含水率高、有机质含量高、易腐烂，具有资源化利用的良好条件，因此农村湿垃圾处理应以资源化利用为主，最常用的处理技术有好氧堆肥、厌氧发酵。此外还有小型生化处理机、蚯蚓堆肥、饲料化处理等其他处理技术。

2.5.1 好氧堆肥

2.5.1.1 原理及工艺介绍

好氧堆肥是在好氧条件下，通过好氧微生物（主要是细菌、真菌、放线菌等）分泌的酶将底物中的固态有机物分解为可溶性有机物，这些可溶性有机物再被微生物利用，参与微生物新陈代谢过程，从而实现固态有机物向腐殖质转化，最后达到腐熟稳定，成为有机肥料。此过程一般伴随有微生物生长、繁殖、消亡和种群演替现象。

好氧堆肥过程实际上由一系列生物氧化-还原过程组成，含氮有机物、酯类、有机酸及醇类、碳氢化合物作为电子供体，氧气作为电子受体。好氧堆肥的核心是微生物活动，微生物活动又受到环境和底物性质的影响，因此需要控制底物的部分特性，调整温度、pH 值等环境条件，确保好氧反应的效率和效果。

好氧堆肥工艺类型可以根据物料发酵分段、运动和通风方式分类及反应器类型分类，见表 2-14。各地可根据当地的进料成分、经济状况、场地条件和产品要求选择合适的工艺。

表 2-14 好氧堆肥处理工艺分类类型

<table>
<tr><th>分类方式</th><th>发酵分段</th><th>物料运动</th><th>通风方式</th><th>反应器类型</th></tr>
<tr><td rowspan="4">工艺类型</td><td rowspan="2">一步</td><td>静态</td><td rowspan="2">自然</td><td>条垛式</td></tr>
<tr><td>间歇动态（半动态）</td><td>槽式（仓式）</td></tr>
<tr><td rowspan="2">二步</td><td rowspan="2">动态</td><td rowspan="2">强制</td><td>塔式</td></tr>
<tr><td>回转筒式</td></tr>
</table>

2.5.1.2 主要工艺流程

好氧堆肥工艺一般包括以下几部分流程：预处理、主发酵（一次发酵）、后发酵（二次发酵）、后处理、二次污染控制、储存等。

堆肥工艺示意图如图 2-50 所示。

A 前处理

好氧堆肥前一般要进行分选、脱水、破碎、筛分、除盐等工艺。通过分选可以去除粗大垃圾和不易生物降解的组分，如金属、陶瓷、塑料、竹木等；通过破碎和筛分可以使物料的颗粒粒径变小，使得表面积提高，从而促进生物过程；通过脱水可以使堆肥原料含水率降低，通过除盐可以降低堆肥原料盐分、避免堆肥产品盐分富集。有时在预处理环节还会复配一些添加剂，如水分调节剂，用于平衡原料含水率，如锯末、碾碎的垃圾、秸秆等；膨胀剂，促进孔隙通气，如果

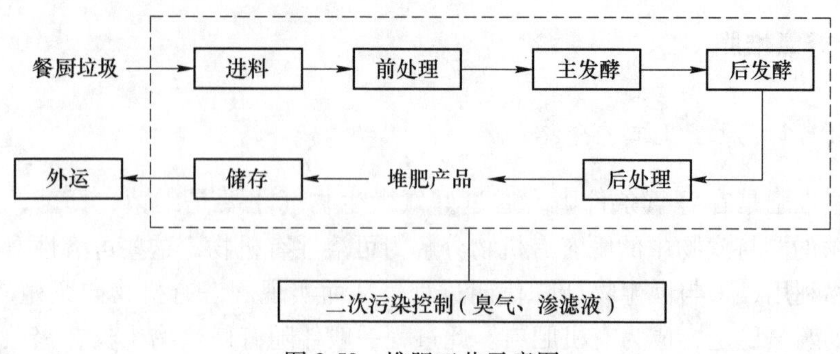

图 2-50　堆肥工艺示意图

壳、木屑等；其他特定目的调节剂，如 pH 值调节剂、氮素抑制剂、重金属钝化剂等，可优化堆肥过程的环境条件、提高微生物活性，加快生化进程，促进堆肥的腐熟；减少氮素损失，保持养分含量；调节堆肥中各种营养元素的含量，提高堆肥质量。

近年来，随着堆肥技术的发展，添加微生物菌剂的工艺技术也越来越多。微生物菌剂通常是由细菌、真菌、酵母菌、放线菌、乳酸菌、固氮菌、纤维素分解菌等多种微生物经特殊方法培养而成的高效复合微生物菌群。与单一菌种相比，这些复合微生物菌群依靠相互间的协同作用，可更迅速地分解垃圾中的有机物，代谢出抗氧化物质，生成复杂而稳定的生态系统，并抑制有害微生物的生长繁殖。通过控制相应的温度、湿度和通风供氧条件，菌种会释放出大量的酶，将大分子有机物分解为糖、脂肪酸和氨基酸等短链的低分子有机物，菌种以此为养分代谢出水、气体和生物热能，同时以几何级数迅速繁殖。如此菌种可以周而复始地不断“吃”掉新投入的餐厨垃圾，加速餐厨垃圾的降解。

B　主发酵（一次发酵）、次发酵（二次发酵）

主发酵对应堆肥升温、高温和降温阶段，一般持续 4~12d。初期，中温好氧的细菌和真菌将可分解的可溶性物质（包括淀粉和糖类）分解，产生二氧化碳和水，同时产生热量让温度上升至 30~40℃，该阶段一般持续 1~3d。随着温度的升高，由最适宜温度 45~55℃的嗜热菌取代嗜温菌，将堆肥中的可溶性有机物继续分解转化，一些复杂的有机物也被分解，该阶段一般持续 3~8d。

次发酵对应常温腐熟阶段，一般持续 20~30d。这一阶段微生物活动减弱，产热量减少，温度逐渐下降，嗜温菌或者中温性微生物成为优势菌种，主发酵工艺阶段尚未分解的木质素等有机物进一步分解，腐殖质和氨基酸等比较稳定的有机物继续累积，得到成熟的堆肥制品。

C　后处理

后处理主要去除在前处理工序中没有完全去掉的塑料、玻璃、金属、陶瓷、石块等。

D 二次污染控制

垃圾堆肥化过程中的二次污染控制包括臭气、渗滤液、噪声等，其中臭气控制最难也最受到关注。臭气主要来源于物料本身以及堆肥过程中的好氧、厌氧过程释放的恶臭物质。臭气控制应做好气流组织、尾气收集和处理。常用的臭气处理工艺包括生物滤床、湿式洗涤器、吸附、除臭剂、焚烧等。

2.5.1.3 进料要求

A 营养成分

有机物含量关系到好氧堆肥效率，通常要求有机物含量达到70%以上。好氧微生物的生长与堆肥物料的C/N比有关，C/N比在25∶1~35∶1时，最有利于微生物生长繁殖。C/N比偏离需要值时，可以通过添加含氮高（如粪便或肥水）或含碳高（如锯末屑或秸秆）的物质调整C/N比。目前农村垃圾堆肥过程中提倡添加人粪尿，添加量以20%~40%为宜，在有条件的情况下，可添加牛粪、马粪或已经腐熟的堆肥土，添加量10%~20%为宜。

B 水分

水分，即堆肥物料的含水率，也是影响堆肥腐熟过程的重要参数。水在微生物分解垃圾的过程中起到媒介作用，一方面水可以溶解有机物，便于微生物吸收，从而为微生物提供生长所需的营养物质；另一方面，水分蒸发可以带走一部分热量，起到调节堆肥温度的作用，水分变化对堆温的影响也可以进一步影响微生物的活性及有机物分解速率。含水率在55%~65%之间最有利于有机物分解。

C 温度

堆肥过程中应当注意温度控制。第一次发酵可以称为发热阶段，堆温由常温上升到50℃，时间约7d左右；第二次发酵即为高温阶段，必须保证堆体内物料温度在50~60℃，并保持5~7d，以促进好氧微生物大量繁殖、生长，分解有机物，促进腐殖质合成；腐熟保肥阶段，翻堆时应将半腐熟的堆肥堆压紧实，四周应用湖泥或泥封封好，有利于堆肥充分腐熟。

D pH值

pH值会影响微生物生长。好氧堆肥最适宜的pH值为6.5~7.5，这个酸碱度最适宜细菌和放线菌的生长。pH值过高或过低都会影响微生物活性，降低有机物分解速率。

E 氧含量

氧含量也是影响好养微生物生长的因素，在好氧堆肥过程中，氧含量一般需要控制在14%~17%，氧浓度过低会抑制好氧菌的生长，影响堆肥效果，此时应当通过通风增加氧浓度。好氧堆肥进料要求见表2-15。

表 2-15　好氧堆肥进料要求

性　质	参　数
有机物含量/%	≥70
C/N 比	25：1~35：1
含水率/%	55~65
温度/℃	50~60
pH 值	6.5~7.5
氧含量/%	14~17

2.5.1.4　设施要求

A　选址要求及平面布置

好氧堆肥设施适用于人口密度不高，日人均生活垃圾量相对稳定的农村地区，堆肥技术可以分为庭院式堆肥和集中式堆肥。庭院式堆肥技术是在田间、屋后开展的一种分散式就地堆肥技术，堆体需要用土覆盖。为满足农村湿垃圾处理要求，每个行政村可设置一座小型集中式好氧堆肥场，也可多个行政村联合集中建设好氧堆肥场。应选择地势较高、适当远离村庄、背风、交通运输方便等的地块作为堆肥垃圾处理的场地。其场址应满足恶臭物质卫生防护距离的要求，综合考虑运距对周边环境的影响、交通运输等合理性，充分利用已有的设施。

堆肥场的总图布置应满足生产工艺技术要求，按功能分区设置，做到分区合理，人流、物流顺畅，并尽量减少中间运输环节。堆肥场主要生产部分与辅助生产部分应综合考虑地形、风向、使用功能及安全等因素，宜采取相对集中布置，处于当地夏季主导风向的下风方；动力设备应安置在远离村舍外。

B　规模及占地面积

应根据农村垃圾量的大小决定堆肥场地的大小。堆肥处理设施建设规模分类及用地指标见表 2-16。场地一般可分为垃圾堆放场地和堆肥场地以及成品堆肥存放场地（简易房）等。垃圾堆放场地是指将每天收集的垃圾临时停放的地方。堆肥场地是指垃圾处理场地。就一个行政村而言，建立 1~3 个垃圾处理堆即可，一般每堆底宽 3~5m、高 2~3m，长度可按实际需要而定。一般村庄宜选用规模小、投资及运行费用低的堆肥设施，可建设自然通风静态堆肥场，自然通风时，堆层高度宜在 1.0~1.2m，其横截面呈三角形。条件允许的村庄可以建设机械通风静态堆肥场，根据发酵方式，一次性发酵工艺的发酵周期不小于 30d；二次发酵工艺的初次发酵时间不少于 5~7d，次级发酵周期不少于 10d。

镇级好氧堆肥场日处理能力不宜高于 50t/d，一般采用静态好氧发酵工艺，包括仓式静态发酵和条垛好氧发酵工艺、兼氧型条垛发酵工艺。

表 2-16 好氧堆肥设施规模及建设用地指标

类型	额定日处理能力/t · d^{-1}	建设用地指标/m^2
Ⅰ	300~600	35000~50000
Ⅱ	150~300	25000~35000
Ⅲ	50~150	15000~25000
Ⅳ	≤50	≤15000

注：1. 建设规模分类Ⅰ、Ⅱ、Ⅲ三类额定日处理能力含上限值，不含下限值。
2. 表中用地指标不包含堆肥产品深加工处理、堆肥残余物处理用地。
3. 动态堆肥取下限，静态堆肥取上限。
4. Ⅰ类堆肥厂可根据实际处理规模酌情增加用地。

C 市政配套要求

好氧堆肥场主体工程宜包括前处理设施、发酵设施和后处理设施。建立储水池和排水系统，排水系统实行雨污分流，污水收集后纳入管网的，应在处理站对渗滤液进行预处理，使出水水质满足《污水排入城镇下水道水质标准》（GB/T 31962）的规定；若采用直接排放方式，应对渗滤液进行处理后排放，排放水质应稳定达到《生活垃圾填埋污染控制标准》（GB 16889）的规定。建设臭气控制设施，恶臭污染物排放应符合《恶臭污染物排放标准》（GB 14554）的要求。

堆肥场消防设施的设置应满足消防要求，并应符合《建筑设计防火规范》（GB 50016）、《建筑灭火器配置规范》（GB 50140）的规定。堆肥场应配备堆肥产品检验设施以及堆肥成品仓库，储存周期宜为 10~20d。堆肥场绿化布置应满足总体规划要求，合理安排绿化用地，绿化率≥35%。建立简易棚，防日晒雨淋。

2.5.1.5 产品出路

好氧堆肥产品中含有较多有机质、氮、磷、钾等植物生长所需的营养元素，作为有机肥施用后可以改善土壤物理、化学、生物学性状，提高农产品质量。堆肥制品可按照用途分别制成初级堆肥、腐熟堆肥和专用堆肥等不同品级，可直接用作土壤改良剂，也可作为生产商品有机肥、生物有机肥和有机无机复混肥、复合微生物肥料的原材料。用于园林绿化需满足绿化用有机基质标准 LY/T 1970，商品有机肥应符合有机肥料标准 NY 525，生物有机肥应符合生物有机肥标准 NY 884，复合微生物肥料应符合复合微生物肥料标准 NY/T 798。堆肥产品须经有资质的第三方检测机构检测出具检测报告，由堆肥设施建设单位委托检测。堆肥制品出厂前应存放在有一定规模的、具有良好通风条件和防止淋雨的设施内。庭院式堆肥产品一般就近直接还田，集中式堆肥产品造粒或直接还田。农村易腐垃圾堆肥原则上应作农用基肥，不作为追肥施用。

2.5.1.6 处理案例

北京市针对远郊区县湿垃圾不合理处置利用的情况，开展田园清洁示范工程项目。于2012年采用VT复合微生物高温好氧快速堆肥技术，在远郊区县建立多个发酵车间（图2-51），对北京郊区种植园产生的果蔬菜皮等湿垃圾进行就地处理，处理后产生的肥料可以作为种植园或农田的有机肥料和栽培基质，实现就地消纳。

图2-51　北京田园清洁示范项目好氧堆肥车间

主要处理过程包括：种植园湿垃圾统一收集、运输到好氧堆肥处理车间，经过破碎机破碎，接种一定量VT复合微生物菌剂，使用槽式翻推机对物料进行翻覆搅拌，发酵过程中自动间歇式曝气，保证氧含量充足。经过15~20d的高温好氧发酵，物料腐熟。在整个发酵过程中进行温度和水分变化监测。腐熟的物料放于成品存放区储存。最终产生的腐熟物料符合有机肥标准要求，发芽指数超过80%，是合格的有机肥料。

2.5.2 厌氧发酵

2.5.2.1 原理及工艺介绍

厌氧发酵是指在没有溶解氧、硝酸盐和硫酸盐存在的条件下，微生物将各种有机质进行分解并转化为甲烷、二氧化碳、微生物细胞以及无机营养物质等的过程。其生物化学过程主要包括分解、水解、产酸、产乙酸和产甲烷化 5 个步骤，如图 2-52 所示。各种复杂有机质，无论是颗粒性固体还是溶解状态，无论是复杂有机质还是成分相对单一的纯有机质，都可以经过该生物化学过程产生沼气，实现湿垃圾的减量化、资源化和无害化。

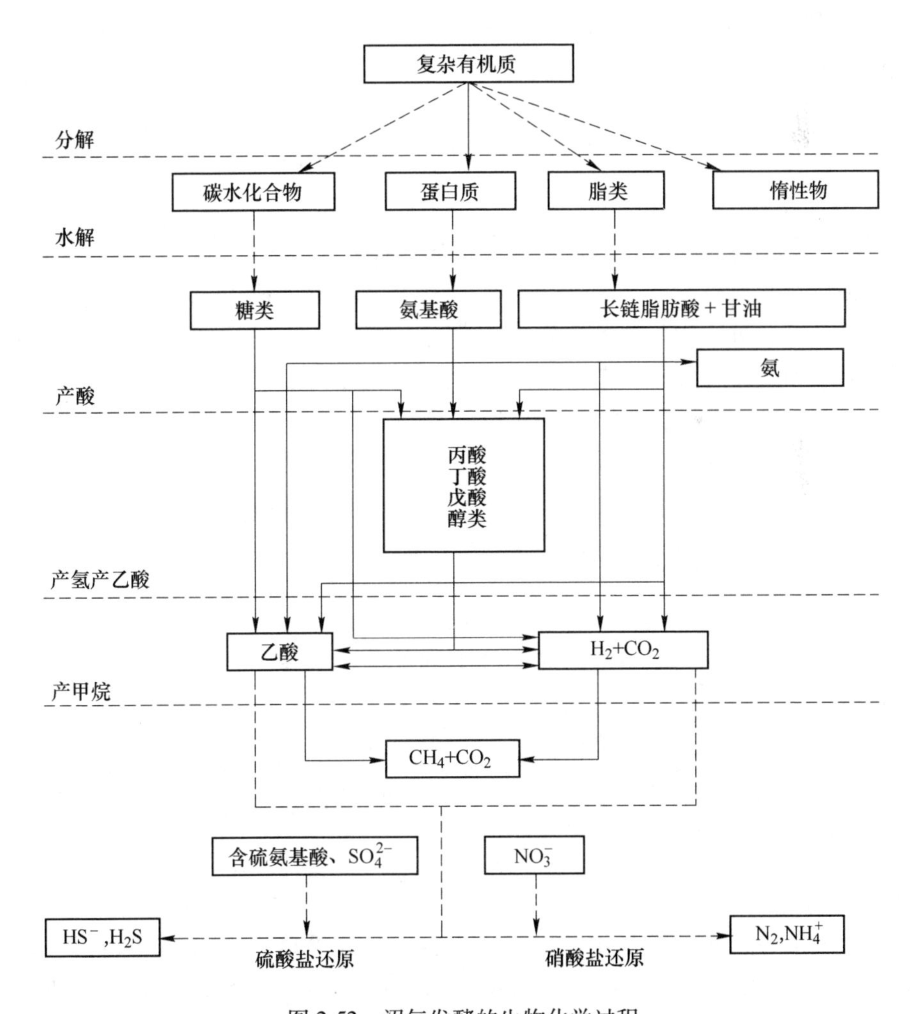

图 2-52　沼气发酵的生物化学过程

（1）胞外分解。指具有多种反应特性的混合颗粒物质的降解，在很大程度上是非生物过程，它把混合颗粒底物转化为惰性物质、碳水化合物、蛋白质和脂类，包括一系列作用，如溶解、非酶促衰减、相分离和物理性破坏。

（2）胞外水解。指相对较纯的底物降解，即碳水化合物、蛋白质和脂类经胞外酶水解，分别生成单糖（或二糖）、氨基酸和长链脂肪酸和甘油，如纤维素被纤维素酶水解为纤维二糖和葡萄糖，淀粉被淀粉酶水解为麦芽糖和葡萄糖；蛋白质被蛋白酶水解为氨基酸，脂类被脂肪酶水解为长链脂肪酸和甘油。

（3）产酸。指水解阶段产生的小分子化合物在发酵性细菌的细胞内转化为更简单的小分子有机酸（如乙酸、丙酸、丁酸、戊酸）、乙醇、CO_2 和 H_2 等，并分泌到细胞外，另外，氨基酸产酸降解的同时伴随氨的生成。

（4）产氢产乙酸。指产酸阶段的生成的小分子有机酸（乙酸除外）进一步转化为乙酸、H_2 和 CO_2的过程；而乙酸和 CO_2/H_2 之间又存在相互转化，包括乙酸氧化产 CO_2/H_2 以及 CO_2/H_2 同型产乙酸。

（5）产甲烷。指乙酸、H_2 和 CO_2 转化为甲烷和 CO_2 的过程，包括分解乙酸产甲烷和氢还原二氧化碳产甲烷。

当厌氧消化系统中存在硫酸根或含硫有机质，并且含有硫酸盐还原菌时，发酵系统会进行硫酸盐还原生成硫化氢；当存在硝酸根，并且含有硝酸盐还原菌时，发酵系统会进行硝酸盐还原生成氨或氮；另外，参与产乙酸和产甲烷步骤的大部分微生物属于一氧化碳营养菌，该类细菌利用 CO_2/H_2 生成乙酸或甲烷，以及乙酸氧化产 CO_2/H_2 的过程会伴随中间产物一氧化碳的生成。综上原因，沼气通常含有少量的硫化氢（H_2S）、氮（N_2）、氨（NH_3）、一氧化碳（CO）。

厌氧消化工艺类型可以根据发酵温度、含固量、发酵分段、反应器类型等分类，见表 2-17。各地可根据当地物料性质、经济状况、场地条件和产品要求等选择合适的工艺类型。

表 2-17　厌氧发酵处理工艺分类类型

分类方式	发酵温度	含固率	发酵分段	反应器
工艺类型	低温发酵	湿法厌氧发酵	单段式	完全混合厌氧反应器
	中温发酵		两段连续式	厌氧接触反应器
	高温发酵	干法厌氧发酵	非连续式（批式或半连续）	升流式厌氧固体反应器
	常温发酵			上流式厌氧污泥床反应器

较为公认的厌氧发酵温度分为三个范围，低于 20℃，属于低温发酵，20~40℃属于中温发酵，50~65℃属于高温发酵，应当严格控制温度，温度浮动范围不宜超过 2℃。常温发酵是指发酵温度随环境温度变化而没有进行恒温控制的沼

气发酵，发酵温度一般在5～30℃之间，包含在低温和中温范围内，常见于农村户用沼气池或其他没有条件进行温度调节的沼气池。湿法厌氧消化是指原料中固体含量在15%以下，进罐物料含固率控制在8%～10%，粒径在15mm以下，发酵物料呈良好流动态的液状物质的厌氧发酵。干法工艺适用于发酵原料总固体含量在20%～35%的有机固体废弃物，如生活垃圾、厨余垃圾，这些含固率较高的物料在经过预处理后，呈现出一定的流动性，或者呈半固态形式。根据发酵分段还可分为单段式和两段式。两段式是指将水解产酸和产甲烷分别在两个反应器中进行，对于干法而言，还有非连续式（包括批式和半连续式），如好氧（aerobic）—厌氧（anaerobic）—好氧（aerobic）的3A发酵工艺，前期好氧发酵实现原料的无害化，中期厌氧发酵产沼气，后期好氧发酵直接生成干的有机肥。常用的厌氧反应器主要有完全混合厌氧反应器（CSTR）、厌氧接触反应器（UBF）、升流式厌氧固体反应器（USR）、上流式厌氧污泥床反应器（UASB），反应器性能比较见表2-18。

表2-18　厌氧反应器性能对比

性　质	CSTR	UBF	USR	UASB
原料范围	含固率较高的有机废弃物	含固率较低的有机废弃物	含固率较高的有机废弃物	高COD污水
原料TS浓度/%	6～12	1～3	3～5	<1
水力停留时间/d	15～30	5～10	8～15	1～5
单位能耗	中等	低	中等	中等
单池容积/m^3	500～4000	200～3000	200～2000	200～5000
操作难度	高	低	中等	高
容积产气率/$m^3 \cdot m^{-3}$	1.0～4.0	0.8～2.0	0.4～1.2	0.2～0.8
经济效益	较佳	中等	偏低	中等

2.5.2.2　主要工艺流程

生活垃圾厌氧发酵工艺一般包括以下几部分流程：分选预处理、厌氧发酵、后处理（沼气利用、残渣堆肥等）。

生活垃圾厌氧发酵生物制气工艺流程如图2-53所示。

（1）分选预处理。分选预处理是分离出城市垃圾中的可生物降解组分，避免杂质进入后续生物转化单元，同时回收金属等废品，进行接种、调质和预加热等。

（2）厌氧发酵。在这一阶段可生物降解组分被转化成沼气。

（3）后处理。沼气和经固-液分离形成的沼液与沼渣需进一步处理后利用。

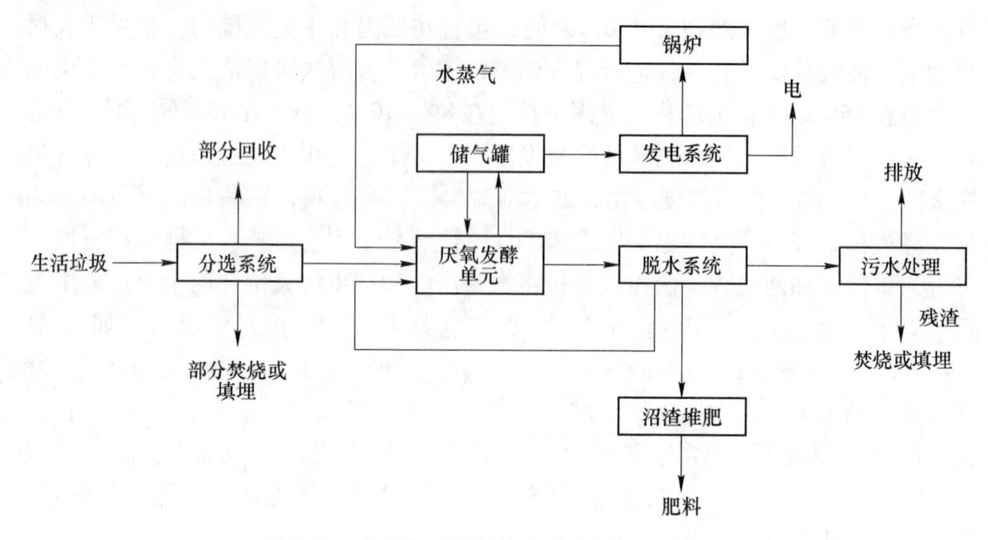

图 2-53　生活垃圾厌氧发酵生物制气工艺流程

沼气的后处理，包括沼气的储存、净化和利用。沼液和沼渣含有丰富的氮、磷、钾等营养元素，在条件许可时，应优先考虑土地利用。

2.5.2.3　进料要求

A　营养成分

从生物学角度来看，沼气发酵过程是一个培养微生物的过程，发酵原料可看作是培养基，因而必须考虑微生物生长（尤其是产甲烷菌）所需的营养结构，包括碳、氮、磷，以及其他微量元素和维生素等营养物质。厌氧发酵要求的物料纯度更高，有机物含量要求 75%以上。沼气发酵适宜的 C/N 比较宽，一般为 20∶1~30∶1，在启动阶段不应大于 30∶1。C/N 比过高时，系统缓冲能力差，容易造成酸积累；C/N 比过低时，产甲烷菌活动会受到抑制。通常采用多种湿垃圾混合发酵的方式来优化原料的营养结构，与好氧堆肥类似。

B　pH 值和碱度

pH 值是影响厌氧处理过程中沼气发酵的重要因素，同时也是反映沼气发酵过程的一个重要参数。水解产酸菌对 pH 值有较大范围的适应性，这类细菌在 pH 值为 5.0~9.0 范围内均能够正常生长代谢，一些产酸菌在 pH 值小于 5.0 时仍能生长；但通常对 pH 敏感的产甲烷菌的适宜生长 pH 值为 6.5~7.8，因此，沼气发酵的最适 pH 值为 6.5~7.8，超出这个范围均会对沼气发酵有抑制作用。在沼气发酵过程中，发酵系统需要具有一定的 pH 值缓冲能力，即当酸或碱性的中间产物积累时防止 pH 值剧烈变化的能力。总碱度在 3000~8000mg/L 时，由于发酵液对所形成的挥发性脂肪酸具有较强的缓冲能力，在反应器运行过程中，发酵液

内的挥发酸在一定范围变化时，都不会对发酵液的 pH 值有较大影响。

C 含固率

含固率即料液浓度，可用原料总固体（或干物质）重量占发酵料液重量的百分比来表示。通常湿法发酵总固体浓度一般低于 15%，干式发酵总固体浓度一般为 20%～35%。发酵料液浓度的配置需根据原料含水量和季节温度变化而定，湿法发酵时夏天 7%左右为宜，冬天可提高至 10%左右。

厌氧发酵进料要求见表 2-19。

表 2-19 厌氧发酵进料要求

性　质	参　数
有机物含量/%	75（以湿重计）
C/N	20∶1～30∶1
pH 值	6.5～7.8
碱度/mg·L^{-1}	3000～8000
含固率/%	湿法：<15 干法：20～35
温度	根据发酵工艺控制

2.5.2.4 设施要求

A 选址要求和平面布置

厌氧发酵设施适用于人口密度较大、养殖业发达、日常产生大量粪便等易产沼气的垃圾、湿垃圾量较大且纯度较高、有机物含量高，且有沼渣沼液消纳利用途径和一定沼气池使用经验的农村地区。设施选址应符合沼气工程安全防护要求，容积在 50m^3 以下的农村户用沼气池应符合《农村户用沼气发酵工艺规程》（NT/T 90—2014）的要求。考虑到安全需要，设施应选在合适位置，输气距离尽量不大于 30m，应离开建筑物 1m，距离树木 5m 以上，距离铁路公路 10m 以上。沼气站内厌氧消化器与相邻建筑物的距离不小于 10m。当相邻建筑外墙为防火墙时，其防火间距可适当减少，但不应少于 4m。沼气站内建筑物与围墙的间距不宜小于 5m。尽量选择背风向阳、没有遮阳建筑物、冬季容易保温的地方。选址应尽量靠近原料产地和沼气利用地区，利于就地就近高效利用沼气、沼渣及沼液，用于处理农业废弃物时，原料收集半径宜≤5km。选址应当综合考虑运距对周围环境的影响、交通运输等的合理性，充分利用已有基础设施，符合恶臭物质卫生防护距离的要求。

厌氧发酵构筑物/设备主要包括预处理设施、发酵池/罐、后处理系统及沼气储运系统，预处理设施主要包括破碎等机械设备及相关建筑物，后处理设施主要包括沼渣、沼液处理所需的机械设备及相关建（构）筑物。沼气储运系统包括空气压缩机、沼气罐及输送管道等。常用的发酵池包括立式圆形水压式沼气池、立式圆形浮罩式沼气池、长方形（或正方形）发酵池，材质采用钢筋混凝土构造。平面布局应当考虑物料运输和沼气运输途径，尽量减少运输距离。

B 规模及占地面积

农业部颁发的《沼气工程规模分类》（NY/T 667—2003）标准根据沼气工程的单体装置容积、日产沼气量和配套系统的配置三个指标将沼气工程规模分为大型、中型和小型（表 2-20）。应根据村人口分布及数量、垃圾实际产量等情况，选择合适规模的厌氧产气设施。在市县政府划定的规模化养殖适养区范围内可建设大中型沼气工程，用于分散处理生活垃圾和农业废弃物时可以选用小规模沼气工程，根据实际情况有效容积可以为 6~10m³。

表 2-20 沼气工程规模分类

类型	单体容积 /m³	总体容积 /m³	沼气产量 /m³·d⁻¹	配套系统配置
大型	≥300	≥1000	≥300	完整的原料预处理系统、沼渣沼液综合利用系统；沼气储存、输配和利用系统
中型	300>V≥50	1000>V≥100	≥50	原料预处理系统；沼渣沼液综合利用系统；沼气储存、输配和利用系统
小型	50>V≥20	100>V≥50	≥20	原料计量、进出料系统；沼渣沼液综合利用系统；沼气储存、输配和利用系统

C 市政配套要求

沼渣和沼液应有合理的消纳途径。接种的厌氧微生物菌种应安全、有效，标明微生物来源和种名。有害垃圾不得进入厌氧发酵系统。

配套工程应当满足主体工程建设需要。配套建筑宜包括泵房、锅炉房、控制室、化验室、值班室、维修间、道路、绿化等。沼气站应当设置围墙，围墙高度≥2m，高压储气柜和垃圾堆放场地周边围墙高度宜≥2. 5m。沼气站内电力供应应符合《爆炸危险环境电力装置设计规范》（GB 50058）规定，给水供应符合《建筑给水排水设计规范》（GB 50015）规定。沼气站应设施防雷装置，其防雷接地装置的冲击接地电阻应小于 10Ω。厌氧消化器和沼气储气柜的防雷设施应符合《建筑物防雷设计规范》（GB 50057）的规定。沼气工程应配有安全消防系统，沼气站内醒目位置应设立禁火标志，严禁烟火，消防设施符合《建筑设计防火规范》（GB 50016）的规定，秸秆粉碎车间应有粉尘防爆措施。

沼气站还应当设置臭气控制设施和污水处理设施。污水收集后纳入管网的，应在处理站对渗滤液进行预处理，出水水质满足《污水排入城镇下水道水质标准》（GB/T 31962）的规定；若采用直接排放方式，应对渗滤液进行处理后排放，排放水质应稳定达到《生活垃圾填埋污染控制标准》（GB 16889）的规定。恶臭污染物排放应符合《恶臭污染物排放标准》（GB 14554）的要求。

2.5.2.5 产品出路

湿垃圾厌氧发酵后产生沼气、沼渣、沼液。厌氧发酵产生的沼气经过净化之后可以作为清洁能源，直接燃烧用于发电、供暖和气焊，还可作为家用燃料、内燃机的燃料以及生产甲醇、福尔马林、四氯化碳等的化工原料。农村沼气集中供气工程应符合《农村沼气集中供气工程技术规范》（NY/T 2371—2013）的要求。厌氧发酵产生的固体剩余物，即沼渣，含有丰富的营养物质，可以作为有机肥料，供农作物生长利用。用作有机肥料时，与堆肥产品类似，需要满足响应的有机肥料标准。

2.5.2.6 处理案例

浙江省台州市三门县海润街道垃圾分类资源利用项目（图 2-54），该项目技术路线主要为：机械分选+厌氧发酵，适用村镇 10~200t 范围的可腐烂生活垃圾，也可以是混合生活垃圾，并能协同处理城市餐厨垃圾和农村养殖粪便。产生的生物燃气经净化后通过燃气发电机发电并网。剩余沼液固体分离后，沼渣制肥；沼液经污水处理系统处理后达标排放，同时也将沼液制成液体肥，用于苗圃和绿化。

图 2-54　三门县海润街道垃圾分类资源利用项目

2.5.3 其他技术

2.5.3.1 小型生化处理机

A 处理原理及工艺

农村湿垃圾还可以通过小型生化处理机实现就地分散处理。小型生化处理机本质上可以说是堆肥技术的发展和衍生。将有机垃圾投入生化处理机，加入菌种并搅拌均匀后，控制相应的温度、湿度和通风供氧条件，菌种会释放出大量的酶，将大分子有机物分解为糖、脂肪酸和氨基酸等短链的低分子有机物，菌种以此为养分代谢出水、气体和生物热能，同时以几何级数迅速繁殖。如此菌种可以周而复始地不断“吃”掉新投入的有机垃圾。随着代谢产物的累积，菌种会逐渐老化，一般经过数月至一年，需要在生化处理机中投入新的菌种。通常菌种对有机垃圾的分解速度为12~48h，平均约24h，残渣率为10%~20%。生化处理机排出的残渣可作为有机肥料或饲料添加剂，产生的水分可以通过表面蒸发、循环调湿或直接排出，产生的气体中可能会含有H_2S、NH_3等恶臭物质，可以通过高温分解除臭或喷淋塔生物脱臭，也有的将脱臭微生物直接配入菌种，使排出的气体不含恶臭物质。

小型生化处理机可以分为减量型和资源型。减量型生化处理机以垃圾减量化为目的，24h物料平均减重率90%以上，减量率在90%以上的又称为消灭型生化处理机。资源型生化处理机以垃圾资源化为目的，生化处理机经8h以上的不间断工作，资源化利用率应达到有机垃圾投放量（扣除水分）的95%以上。

B 主要工艺流程

小型生化处理机一般为密闭装置，由机体、进料口、出料口、搅拌系统、机电系统、温控/通气/除臭/调湿装置等部件组成，部分生化处理机还有臭气净化装置。在物料进入生化处理机前，可能还会设置预处理系统。

a 预处理系统

餐厨垃圾来源不同，其湿度、有机质、C/N、粒度和杂质含量等也不同，在生化处理之前，应适当调整原料的组成，以使生化过程顺利进行。具体方法有：

（1）通过破碎、筛分等预处理工艺，去除杂质、使原料粒度匀化，并使有机物含量在30%~70%之间。

（2）发酵前在原料中掺入一定的稀粪、污泥、畜粪等，调节C/N为30：1，湿度为50%~60%。

b 搅拌系统

为了确保物料水分调整均匀和保障微生物菌群的温度、湿度，以及充分的空

间与氧气接触，设备全部安装了螺旋搅拌系统，螺旋搅拌叶一般为环带状，以发酵室的中截面为中心，分为左右螺旋，方向对准中部出料口。

c 进出料系统

（1）进料。生化处理机的进料口均设置在机体上方，有的是盖板整体打开后可以投料，有的是盖板中间有一个方形投料口。部分生化处理机还改进了投料方式，采用升降机自动投料，降低了人工投料的工作量和难度。

（2）出料。生化处理机的出料口一般设置在设备正面下方。出料时通过按钮或者控制面板图标确定后，设备内搅拌轴反转，辅以人工清掏，将残渣或者肥料清除。

d 自动控制系统

自动控制系统指对分别安装在设备上多处的温度传感器和压力传感器的数据进行采集，由 PLC 控制变频器、继电器和电动执行器对发酵干燥室内的温度、压力、补氧量、循环风温度、排风温度等，按特定的工艺流程进行有效调节，使得物料在预设的时间内自动完成发酵干燥和冷却的全过程。

C 进料要求

小型生化处理机的处理效果与物料性质有很大关系，要求投入其中的物料全部为湿垃圾，纯度要求高，一些粗纤维不易分解的有机垃圾宜经过破碎后再处理。目前生化处理机对于餐厨垃圾、厨余垃圾和菜场垃圾的处理效果较好，不适用于处理农作物秸梗等粗纤维垃圾。生化处理机的处理效果和生成的产品质量受到物料成分变化，因此当垃圾量或成分波动较大时，处理效果可能也会产生变化。

D 设施要求

小型生化处理机占地小，摆放位置没有特殊的要求，通常置于建筑物内。目前已有部分在售的生化处理机配备有除臭装置，但为了避免臭气污染，应当尽量不要放置在人流量较大的地方。生化处理机在运行时会产生废水，通常生化处理机产生废水量较少，不宜单独建立配套的污水处理设备，可以通过市政排污管道排放。

小型生化处理机就地生化处理技术作为集中规模化处理方式的一种补充，具有操作简单、占地小、节约收运成本、减少收运过程中的污染排放等优点，但是存在成本高、效果不明确、后续残渣利用途径不清楚等问题。

E 产品出路

小型生化处理机产生的固体残渣为高能量、高蛋白、高活性的微生物菌群，可作为生产微生物饲料和微生物菌肥的原料，也可以经过简单晾晒，作为基质用于园林绿化或作为土壤改良剂。若产品品质较好，符合机肥料标准 NY 525—2012 或生物有机肥标准 NY 884—2012，也可作为有机肥料用于农业生产。

F 处理案例

宁波宁海岔路镇下畈村安装了餐厨垃圾处理机（小型生化处理机），将餐厨垃圾倒进入口，经粉碎、脱水，加入活性菌进行发酵，8h 以后吐出褐色有机肥粉末。处理机产出的有机肥富含氮磷钾，非常有利于农业种植。该餐厨处理机成功融合自主研发的油水残渣自动分离、发酵气体除臭净化、有机垃圾微生物高速发酵处理等技术，可有效解决生活垃圾中占较大比重的厨余垃圾处理问题，厨余垃圾减量化达 80%以上，真正实现厨余垃圾“三化”处理。宁海县自 2014 年试点投用以来，餐厨垃圾生化处理机在宁海各乡镇（街道）、中转站、景点等已投放设备 120 台，共处置餐厨垃圾 5 万余吨。

宁海县餐厨垃圾处理机如图 2-55 所示。

图 2-55 宁海县餐厨垃圾处理机

上海的餐厨垃圾技术企业研发了多种餐厨垃圾处理机，可以在 24h 以内把餐厨垃圾量减少高达 95%以上，其中的排放物只有水蒸气、二氧化碳与堆肥。餐厨垃圾完全自动化，让家庭或餐馆可以简单达到垃圾减量的目标，又能资源再利用，环保实用。

餐厨垃圾就地生化处理机如图 2-56 所示。

2.5.3.2 蚯蚓堆肥

A 原理及工艺介绍

蚯蚓堆肥是在普通堆肥基础上结合生物处理发展起来的。蚯蚓食腐、食性广、食量大，经过一定预处理的湿垃圾可以作为蚯蚓的食物，蚯蚓消化道可以分泌蛋白酶、脂肪分解酶、纤维分解酶、淀粉酶、甲壳酶等，湿垃圾通过蚯蚓的摄食、消化、代谢等途径转化排泄物（蚓粪），其中蕴含着大量微生物和营养元素，是天然的混合肥料。

图 2-56 餐厨垃圾就地生化处理机

蚯蚓堆肥目前有蚯蚓反应器和土地处理法两种方式。蚯蚓反应器是将蚯蚓培养在特定容器中，可以配合分选、破碎、喷湿等预处理工艺，在反应器中进行堆肥反应。土地处理法是在田地里采用简单的反应床或反应箱进行蚯蚓养殖并处理垃圾的方法，适合土地资源丰富的地区。

B 主要工艺流程

蚯蚓堆肥的主要处理流程包括蚓种选育、预处理（包括粉碎、堆湿、预堆肥）、蚯蚓堆肥、后处理（包括分离蚯蚓和蚓体、蚓粪处理加工）等过程。具体工艺流程如图 2-57 所示。

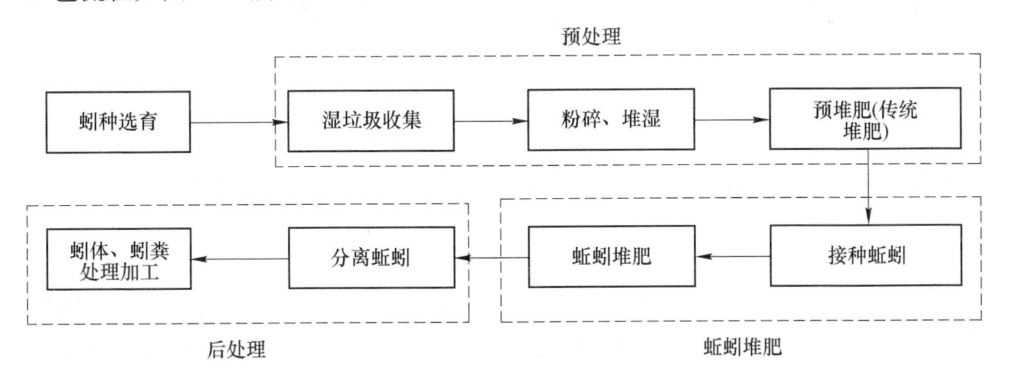

图 2-57 蚯蚓堆肥工艺流程

C 进料要求

a 营养成分

待处理的湿垃圾需要满足蚯蚓新陈代谢、生长繁殖所需要的物质和能量，因此其营养成分对处理效果有很大的影响。现有研究表明 C/N 比 25∶1~35∶1 时，蚯蚓生殖率和设施能力较高，发酵速率较高，堆肥产物具有较好的肥效，且环境

污染少。

b 水分

蚯蚓生长于潮湿的环境中，要求环境的土壤水 *PF* 为 2.7 左右，最低 *PF* 不能低于 3.4。蚯蚓的呼吸通过体表吸收溶解在体表含水层的氧气，因此堆料的湿度对蚯蚓生存至关重要。垃圾含水量过低会导致蚯蚓脱水休眠，但含水量过高也会导致蚯蚓供氧不足。对于水分含量少的垃圾可以进行喷水预处理，水分含量过高的垃圾可以进行预发酵，蒸发一部分水分。

c 温度

蚯蚓生长最适温度在 20~25℃，温度超过 30℃，蚯蚓数量就会减少，超过 35℃，蚯蚓就无法生存。

d pH 值和氧含量

适宜蚯蚓生存的 pH 值为 6~8.5，最佳 pH 值为 6.8。蚯蚓自身对酸碱有一定的缓冲调节能力，但只限于弱酸和弱碱。对于强酸或强碱性垃圾可以在预处理时添加 pH 值调理剂将 pH 值调整到合适的范围。蚯蚓是好氧生物，在处理过程中应当通风，保证氧含量充足。

D 产品出路

湿垃圾经过蚯蚓处理后，可以变成有机肥料，与好氧堆肥产品要求相同。

E 处理案例

南京市江宁区汤山街道湖山社区广场采购了一批蚯蚓厨余堆肥箱（图 2-58），将厨余垃圾、农作物秸秆等废弃物放置其中发酵，投入蚯蚓对垃圾进行生态分解，能够使厨余垃圾变废为宝，变成有机肥料。厨余堆肥箱中的蚯蚓是特别挑选的品种，消化能力强，对厨余垃圾的转化率高。据介绍，这种蚯蚓可以在 24h 内吃光和自己体重相同的垃圾，2000 条蚯蚓重 1kg，一天就能分解一个三口之家当天产生的厨余垃圾。目前，湖山社区共投放了 5 个这样的垃圾箱，经过初步估算，运用蚯蚓生态堆肥技术，社区的厨余垃圾处理费用从平均每吨 300 多元降至 100 元左右。

蚯蚓“吃”进厨余垃圾后，经过消化，将垃圾转化成有机肥。一个蚯蚓堆肥箱平均一个月能产生约 150kg 的有机肥，大大节约了当地瓜果、蔬菜种植农户肥料使用成本。对于蚯蚓堆肥箱不能处理的其他可腐烂垃圾，社区还引进了分解能力更强的 EM 菌堆肥法，利用微生物作为补充，增强蚯蚓堆肥箱的垃圾处理能力。

2.5.3.3 饲料化处理

A 原理及工艺介绍

湿垃圾饲料化处理主要采用物理方法，处理的重点是粉碎、干燥和消毒灭

图 2-58　蚯蚓厨余堆肥箱

菌。餐厨垃圾和秸秆等农业废弃物通过分拣，去除塑料袋、包装盒、饮料瓶、破碎餐具、纸巾等杂质后，用单螺旋或双螺旋脱水压榨机对物料进行压榨、脱水、脱脂，对脱出的半干物料进行高温干燥、灭菌，清除物料中多余的水分及各种病原微生物，最后将干燥物料粉碎、称质量，掺入其他成分，混合包装。除高温干燥灭菌外，也有采用高温蒸煮、低温油炸（约 110℃）等工艺进行饲料脱水灭菌处理的。对于纯的农作物秸秆，可以通过青储、黄储、揉搓和直接饲喂等方式，实现农作物秸秆向饲料转化。

B　进料要求

进行饲料化处理的湿垃圾要求纯度较高，不得混入有毒垃圾。

C　产品出路

饲料化处理要求产品干物质中粗纤维含量小于 18%，粗蛋白含量大于等于 20%。秸秆饲料化分散处理在农村地区较为常见，而餐厨垃圾或混合集中饲料化处理技术由于存在菌种安全风险、食物同源性导致的疾病风险等问题，目前并没有得到广泛推广。

2.6　农村生活垃圾填埋处理

2.6.1　垃圾卫生填埋处理技术概要

卫生填埋是指对适当的场地按照现代工程技术和环境卫生标准进行施工，通过对垃圾的填埋、覆盖、压实，渗出液的导排、防渗处理和填埋气的收集利用，最终对填埋场进行封场覆盖，从而将垃圾产生的危害降到最低的处理技术。

在卫生填埋场中，同时发生着物理、化学和生物诸多反应，这些反应导致了垃圾的降解和填埋气体、渗滤液的产生，因此，垃圾卫生填埋场的建设过程中要注意垃圾渗滤液的收集以及填埋场气体外排管道的架设。

卫生填埋适用于土地资源比较丰富的农村地区。对于那些不能堆肥，又没有回收利用价值的固体废物可优先考虑进行填埋处置。

根据《“十三五”全国城镇生活垃圾无害化处理设施建设规划》（发改环资〔2016〕2851号），卫生填埋处理技术作为生活垃圾的最终处置方式，是各地必须具备的保障手段，重点用于填埋焚烧残渣和达到豁免条件的飞灰以及应急使用，剩余库容宜满足该地区10年以上的垃圾焚烧残渣及生活垃圾填埋处理要求。不鼓励建设库容小于50万立方米的填埋设施。

2.6.2 填埋场进场要求

根据《生活垃圾填埋场污染控制标准》（GB 16889—2008），下列废物可以直接进入生活垃圾填埋场填埋处置：

（1）由环境卫生机构收集或者自行收集的混合生活垃圾，以及企事业单位产生的办公废物。

（2）生活垃圾焚烧炉渣（不包括焚烧飞灰）。

（3）生活垃圾堆肥处理产生的固态残余物。

（4）服装加工、食品加工以及其他城市生活服务行业产生的性质与生活垃圾相近的一般工业固体废物。

其他固体废物进场需满足如下要求：

（1）《医疗废物分类目录》中的感染性废物经过下列方式处理后，可以进入生活垃圾填埋场填埋处置。

1）按照HJ/T 228（HJ/T 228—2006医疗废物化学消毒集中处理工程技术规范（试行））要求进行破碎毁形和化学消毒处理，并满足消毒效果检验指标；

2）按照HJ/T 229（HJ/T 229—2006医疗废物微波消毒集中处理工程技术规范（试行））要求进行破碎毁形和微波消毒处理，并满足消毒效果检验指标；

3）按照HJ/T 276（HJ/T 276—2006医疗废物高温蒸汽集中处理工程技术规划（试行））要求进行破碎毁形和高温蒸汽处理，并满足处理效果检验指标；

4）医疗废物焚烧处置后的残渣的入场标准按照第3条执行。

（2）生活垃圾焚烧飞灰和医疗废物焚烧残渣（包括飞灰、底渣）经处理后满足下列条件，可以进入生活垃圾填埋场填埋处置。

1）含水率小于30%；

2）二噁英含量低于3μgTEQ/kg（TEQ毒性当量）；

3）按照HJ/T 300（HJ/T 300—2007固体废物浸出毒性浸出方法醋酸缓冲溶液法）制备的浸出液中危害成分浓度低于表2-21规定的限值。

（3）一般工业固体废物经处理后，按照HJ/T 300（HJ/T 300—2007固体废物浸出毒性浸出方法醋酸缓冲溶液法）制备的浸出液中危害成分浓度低于规定的

限值，可以进入生活垃圾填埋场填埋处置。

表 2-21 浸出液污染物浓度限值

序号	污染物项目	浓度限值/$mg \cdot L^{-1}$
1	汞	0.05
2	铜	40
3	锌	100
4	铅	0.25
5	镉	0.15
6	铍	0.02
7	钡	25
8	镍	0.5
9	砷	0.3
10	总铬	4.5
11	六价铬	1.5
12	硒	0.1

(4) 经处理后满足第（2）条要求的生活垃圾焚烧飞灰和医疗废物焚烧残渣（包括飞灰、底渣）和满足第（3）条要求的一般工业固体废物在生活垃圾填埋场中应单独分区填埋。

(5) 厌氧产沼等生物处理后的固态残余物、粪便经处理后的固态残余物和生活污水处理厂污泥经处理后含水率小于 60%，可以进入生活垃圾填埋场填埋处置。

(6) 处理后分别满足第（1）、（2）、（3）和（5）条要求的废物应由地方环境保护行政主管部门认可的监测部门检测、经地方环境保护行政主管部门批准后，方可进入生活垃圾填埋场。

下列废物不得在生活垃圾填埋场中填埋处置：

(1) 除符合上节第（2）条规定的生活垃圾焚烧飞灰以外的危险废物。

(2) 未经处理的粪便。

(3) 禽畜养殖废物。

(4) 电子废物及其处理残余物。

(5) 除本填埋场产生的渗滤液以外的任何液态废物和废水。国家环境保护标准另有规定的除外。

2.6.3 填埋污染控制标准

2.6.3.1 水污染物排放控制要求

自 2011 年 7 月 1 日起，已有的全部生活垃圾填埋场应自行处理生活垃圾渗

滤液并执行 GB 16889—2008 中表 2（即表 2-22）规定的水污染排放浓度限值。根据环境保护工作的要求，在国土开发密度已经较高、环境承载能力开始减弱，或环境容量较小、生态环境脆弱，容易发生严重环境污染问题而需要采取特别保护措施的地区，应严格控制生活垃圾填埋场的污染物排放行为，在上述地区的现有和新建生活垃圾填埋场自 2008 年 7 月 1 日起执行 GB 16889—2008 中表 3（即表 2-23）规定的水污染物特别排放限值。

表 2-22　现有和新建生活垃圾填埋场水污染物排放浓度限值（GB 16889 中表 2）

序号	控制污染物	排放浓度限值	污染物排放监控位置
1	色度（稀释倍数）	40	常规污水处理设施排放口
2	化学需氧量（COD_{Cr}）/mg · L^{-1}	100	常规污水处理设施排放口
3	生化需氧量（BOD_5）/mg · L^{-1}	30	常规污水处理设施排放口
4	悬浮物/mg · L^{-1}	30	常规污水处理设施排放口
5	总氮/mg · L^{-1}	40	常规污水处理设施排放口
6	氨氮/mg · L^{-1}	25	常规污水处理设施排放口
7	总磷/mg · L^{-1}	3	常规污水处理设施排放口
8	粪大肠菌群数/个 · L^{-1}	1000	常规污水处理设施排放口
9	总汞/mg · L^{-1}	0.001	常规污水处理设施排放口
10	总镉/mg · L^{-1}	0.01	常规污水处理设施排放口
11	总铬/mg · L^{-1}	0.1	常规污水处理设施排放口
12	六价铬/mg · L^{-1}	0.05	常规污水处理设施排放口
13	总砷/mg · L^{-1}	0.1	常规污水处理设施排放口
14	总铅/mg · L^{-1}	0.1	常规污水处理设施排放口

表 2-23　现有和新建生活垃圾填埋场水污染物特别排放限值（GB 16889 中表 3）

序号	控制污染物	排放浓度限值	污染物排放监控位置
1	色度（稀释倍数）	30	常规污水处理设施排放口
2	化学需氧量（COD_{Cr}）/mg · L^{-1}	60	常规污水处理设施排放口
3	生化需氧量（BOD_5）/mg · L^{-1}	20	常规污水处理设施排放口
4	悬浮物/mg · L^{-1}	30	常规污水处理设施排放口
5	总氮/mg · L^{-1}	20	常规污水处理设施排放口
6	氨氮/mg · L^{-1}	8	常规污水处理设施排放口
7	总磷/mg · L^{-1}	1.5	常规污水处理设施排放口
8	粪大肠菌群数/个 · L^{-1}	1000	常规污水处理设施排放口
9	总汞/mg · L^{-1}	0.001	常规污水处理设施排放口
10	总镉/mg · L^{-1}	0.01	常规污水处理设施排放口

续表 2-23

序号	控制污染物	排放浓度限值	污染物排放监控位置
11	总铬/$mg \cdot L^{-1}$	0.1	常规污水处理设施排放口
12	六价铬/$mg \cdot L^{-1}$	0.05	常规污水处理设施排放口
13	总砷/$mg \cdot L^{-1}$	0.1	常规污水处理设施排放口
14	总铅/$mg \cdot L^{-1}$	0.1	常规污水处理设施排放口

生活垃圾转运站产生的渗滤液经收集后，可采用密闭运输送到城市污水处理厂处理、排入城市排水管道进入城市污水处理厂处理或者自行处理等方式。

2.6.3.2 甲烷、臭气等气体污染物排放控制要求

填埋工作面上 2m 以下高度范围内甲烷的体积百分比应不大于 0.1%；生活垃圾填埋场应采取甲烷减排措施；当通过导气管道直接排放填埋气体时，导气管排放口的甲烷的体积百分比不大于 5%。生活垃圾填埋场在运行中应采取必要的措施防止恶臭物质的扩散；在生活垃圾填埋场周围环境敏感点方位的场界的恶臭污染物浓度应符合 GB 14554 的规定。

2.6.4 简易填埋处理技术

垃圾简易填埋处理是指在一定的限制条件下，村镇采取的对生活垃圾进行分散安全填埋处理的方式。对于不可腐烂垃圾、建筑渣土、清扫的灰土等垃圾（其中包括包装类垃圾等应严格控制在 5%以下），可采用简易填埋处理。

简易填埋处理一般选用自然防渗方式，填埋场地应尽可能选择在土质抗渗透性强、土层厚、地质较稳定、地下水埋深较深、远离居住和人口聚集区的地方。当采取人工防渗措施时，场址所处位置应选在工程地质条件稳定的地区，填埋后不产生不均匀沉降，在丘陵地区，三面山岗环绕的低地是填埋场优选的场地；场址应远离村庄，应特别注意避开地质灾害容易发生的地区。

简易填埋处理可将垃圾堆高或填坑，垃圾堆高或填坑深度应控制 10m 以内。简易填埋场周围需设置简易的截洪、排水沟，防止雨水侵入。填埋作业时要坚持及时对垃圾覆土，并采取消毒、灭蝇措施。必要时，场地可循环使用。废弃的坑、洼地可结合造地进行复垦。

2.7 生活垃圾焚烧处理技术

2.7.1 生活垃圾焚烧处理技术概要

焚烧是对生活垃圾经过焚烧系统进行处理，达到焚烧污染物排放标准的处理方法。焚烧处理技术在国外是一种成熟技术，应用较普遍，国内应用也越来越

多。生活垃圾焚烧处理主要工艺流程如图 2-59 所示。

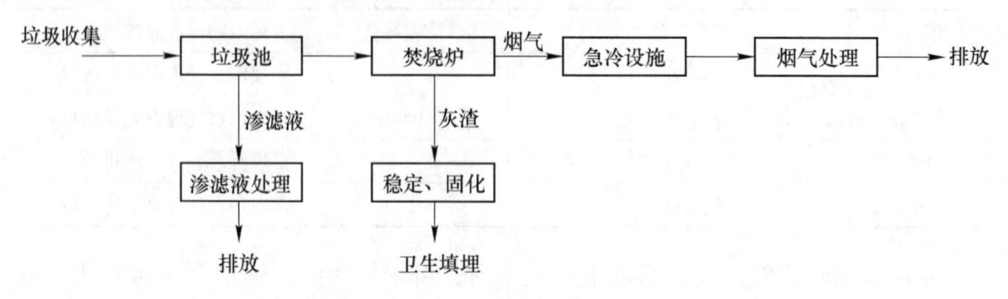

图 2-59　生活垃圾焚烧处理工艺流程

局部交通不便的连片整治区域可采用小型焚烧装置进行垃圾处置。生活垃圾焚烧厂选址应符合国家和行业相关标准的要求。设计和建设应满足《生活垃圾处理技术指南》（建城〔2010〕61 号)、《生活垃圾焚烧处理工程技术规范》（CJJ 90)、《生活垃圾焚烧处理工程项目建设标准》（建标 142）和《生活垃圾焚烧污染控制标准》（GB 18485）等相关标准、技术规范以及各地地方标准的要求。焚烧设施应选择结构紧凑、占地面积少、安装操作方便炉型；无需助燃，生活垃圾在焚烧炉内应得到充分燃烧，需设置烟气净化系统。可选用干法、半干法、湿法或其组合处理工艺对烟气污染物进行去除。焚烧过程中应采用有效措施控制烟气中二噁英的排放。

2.7.2　焚烧厂选址要求

选址应符合当地的城乡总体规划、环境保护规划、环境卫生专项规划，并符合当地的大气污染防治、水资源保护、自然生态保护等要求。

应根据环境影响评价结论确定生活垃圾焚烧厂厂址的位置及其与周围人群的距离，经具有审批权的环境保护行政主管部门批准后，这一距离可作为规划控制的依据。

在对厂址进行环境影响评价时，应重点考虑焚烧厂可能产生的有害物质泄漏、大气污染物（含恶臭物质）的产生与扩散，以及可能的事故风险等因素进行综合评价，确定焚烧厂与常住居民居住场所、农用地、地表水体及其他敏感对象之间合理的位置关系。

2.7.3　焚烧厂废弃物进厂要求

（1）根据《生活垃圾焚烧污染控制标准》（GB 18485—2014）的要求，下列废物可以直接进入生活垃圾焚烧炉进行焚烧处置：

1）由环境卫生机构收集或者生活垃圾产生单位自行收集的混合生活垃圾；

2）由环境卫生机构收集的服装加工、食品加工以及其他为城市生活服务的

行业产生的性质与生活垃圾相近的一般工业固体废物；

3）生活垃圾堆肥处理过程中筛分工序产生的筛上物，以及其他生化处理过程中产生的固态残余组分；

4）按照 HJ/T 228、HJ/T 229、HJ/T 276 要求进行破碎毁形和消毒处理并满足消毒效果检验指标的《医疗废物分类目录》中的感染性废物。

（2）在不影响生活垃圾焚烧炉污染物排放达标和焚烧炉正常运行的前提下，生活污水处理设施产生的污泥和一般工业固体废物可以进入生活垃圾焚烧炉进行焚烧处置，焚烧炉排放烟气中污染物浓度执行表 2-26 规定的限值。

（3）下列废物不得在生活垃圾焚烧炉中进行焚烧处置：

1）危险废物，（1）规定的除外；

2）电子废物及其处理处置残余物。

国家环境保护行政主管部门另有规定的除外。

2.7.4 焚烧厂焚烧处理规模

根据《“十三五”全国城镇生活垃圾无害化处理设施建设规划》（发改环资〔2016〕2851 号），不鼓励建设处理规模小于 300t/d 的焚烧处理设施。渗滤液处理设施要与垃圾处理设施同时设计、同时施工、同时投入使用，也可考虑与当地污水处理厂协同处置。

我国《生活垃圾焚烧处理工程技术规范》（CJJ 90—2009）以及新修订的《生活垃圾焚烧处理与能源利用工程技术规范》（征求意见稿）中对垃圾焚烧厂的规模分类规定，2016 年度统计的 285 座在运行的焚烧设施中，特大焚烧厂、Ⅰ类、Ⅱ类、Ⅲ类以及未分类的低于 150t/d 焚烧厂分别有 10 座、46 座、131 座、69 座和 29 座。平均处理能力分别为 2300t/d、1429t/d、805t/d、340t/d 和 59t/d。可见对于农村生活垃圾处理而言，中小规模的生活垃圾焚烧设施需要逐步扩大。

不同规模焚烧设施数量如图 2-60 所示。

2.7.5 焚烧厂污染控制技术要求和排放标准

2.7.5.1 技术要求

（1）生活垃圾运输采用密闭措施，避免垃圾遗洒、气味泄漏和污水滴漏。

（2）垃圾储存设施和渗滤液收集设施应采取封闭负压措施，并保证运行和停炉期均处于负压状态，收集的气体优先进入焚烧炉中高温处理，或其他除臭处理，满足 GB 14554 后排放。

（3）焚烧炉的主要技术性能指标包括炉膛内焚烧温度、烟气停留时间和炉渣热灼减率应满足表 2-24 要求；自 2016 年 1 月 1 日起，现有生活垃圾焚烧炉排放烟气中 CO 浓度执行表 2-25 规定的限值；其他规定还包括每条焚烧线单独设置

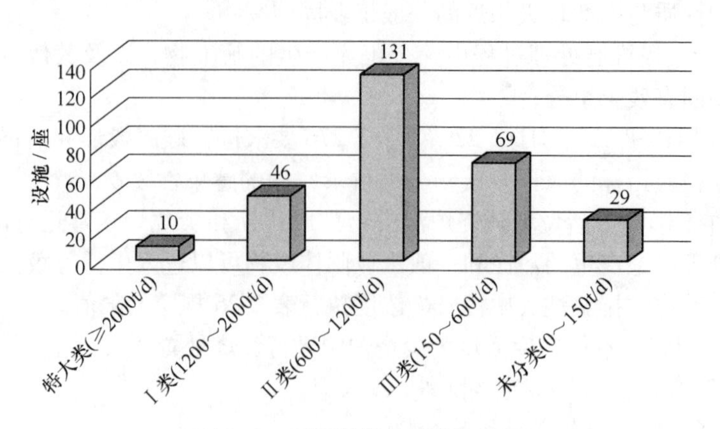

图 2-60　不同规模焚烧设施数量

在线监测装置、独立排气筒（或多筒集束式）、排气筒设置永久采样孔、采样平台和永久电源；烟囱高度最低不得低于 60m(≥300t/d)，45m(<300t/d) 等。

表 2-24　生活垃圾焚烧炉技术性能指标

序号	项　目	指标	检　验　方　法
1	炉膛内焚烧温度/℃	≥ 850	在二次空气喷入点所在断面、炉膛中部断面和炉膛上部断面中至少选择两个断面分别布设监测点，实行热电偶实时在线测量
2	炉膛内烟气停留时间/s	≥2	根据焚烧炉设计书检验和制造图核验炉膛内焚烧温度监测点断面间的烟气停留时间
3	焚烧炉渣热灼减率/%	≤5	按 HJ/T 20 采样

表 2-25　生活垃圾焚烧炉排放烟气中 CO 浓度限值要求

取值时间	排放限值（标态）/mg · m^{-3}	监测方法
24 小时均值	80	按 HJ/T 44 测定
1 小时均值	100	

注：本表规定的各项指标限值均以标准状态下含 11%的干烟气为参考值换算，下同。

2.7.5.2　焚烧污染排放标准

自 2016 年 1 月 1 日起，现有生活垃圾焚烧炉，以及自 2014 年 7 月 1 日起新建生活垃圾焚烧设施排放烟气中污染物浓度执行表 2-26 规定的限值。

生活污水污泥、一般工业固废焚烧炉排放烟气中二噁英类污染物浓度执行表 2-27 中规定的限值。

表 2-26 新建生活垃圾焚烧设施大气污染物排放限值

序号	污染物项目	限值	取值时间
1	颗粒物/mg·m^{-3}	30	1h 均值
		20	24h 均值
2	氮氧化物（NO_x）/mg·m^{-3}	300	1h 均值
		250	24h 均值
3	二氧化硫（SO_2）/mg·m^{-3}	100	1h 均值
		80	24h 均值
4	氯化氢（HCl）/mg·m^{-3}	60	1h 均值
		50	24h 均值
5	汞及其化合物（以 Hg 计）/mg·m^{-3}	0.05	测定均值
6	镉、铊及其化合物（以 Cd+Tl 计）/mg·m^{-3}	0.1	测定均值
7	锑、砷、铅、铬、钴、铜、锰、镍及其化合物（以 Sb+As+Pb+Cr+Co+Cu+Mn+Ni 计）/mg·m^{-3}	1.0	测定均值
8	二噁英类/ngTEQ·m^{-3}	0.1	测定均值
9	一氧化碳（CO）/mg·m^{-3}	100	1h 均值
		80	24h 均值

表 2-27 生活污水污泥、一般工业固废焚烧炉排放烟气中二噁英类限值

焚烧处理能力/t·d^{-1}	二噁英类排放限值/ng TEQ·m^{-3}	取值时间
>100	0.1	测定均值
50~100	0.5	测定均值
<50	1.0	测定均值

生活焚烧飞灰如进生活垃圾填埋场处置，应满足 GB 16889 的要求，如进入水泥窑处置，应满足 GB 30485 的要求；生活垃圾焚烧设施产生的渗滤液和冲洗废水在焚烧厂或填埋场中经处理符合 GB 16889 表 2 或表 3 要求后，可直接排放。

生活垃圾焚烧厂在运行中应采取必要的措施防止恶臭物质的扩散。在生活垃圾焚烧厂场界的恶臭污染物质量浓度应符合 GB 14554 的规定。

农村生活垃圾处理模式分析

3.1 农村生活垃圾收运处理模式

与城市生活垃圾处理相比，农村生活垃圾处理既有优势，又有局限。优势在于大部分农村生活垃圾可以通过回收、堆肥、饲养牲畜等办法就地消纳；局限在于农村地域广、农户分散，垃圾收集、转运的成本高。针对这一特点，目前各地农村生活垃圾治理用得比较多的主要有两种模式：一是像四川、广西等经济欠发达、县域面积大的地方，推行源头分类减量、适度就地处理模式比较适宜，通过分类，可实现垃圾减量70%左右，减量后剩余30%的垃圾，区分近郊、远郊、偏远村庄的不同，可以分别在县、镇或村进行最终处理。二是像山东、江苏等经济发达、县域面积不大的地方，推行城乡一体化模式比较适宜，就是将城市环卫服务，包括环卫设施、技术和管理模式延伸覆盖到镇和村，对农村生活垃圾实行统收统运，集中到县进行最终处理。

3.1.1 就近就地处理

农村生活垃圾就近就地处理模式即生活垃圾通过“户分类、村收集、村处理”等模式来运作的垃圾处理模式，适用于布局分散、经济欠发达、交通不便，与距离垃圾处理场（厂）太远而无法纳入城乡一体化垃圾处理模式的乡、镇、村。采用就近就地垃圾处理模式的地方，应遵循“因地制宜、一村一策”的原则，合理选择简易堆肥、沼气池和水泥窑协同处置、热解、焚烧、简易填埋等单一或组合方式处理生活垃圾。

（1）主要特点：源头分类减量后，区分近郊、远郊、偏远村庄的不同，分别在县、镇或村进行最终处理。

（2）主要模式：“户分类，村收，就近就地处理”；“户分类，村收，片处理”；“户分类，村收，县处理”。

（3）适宜区域：经济欠发达，面积较大地区。

（4）典型案例：广西已编制适合广西实际的农村垃圾处理技术的三种模式13种方案，选择30个乡镇和村庄开展片区处理试点和边远山区农村就近就地处理试点。这13种农村垃圾处理模式，包括村、屯处理模式6种，镇、乡处理模式6种，片区处理模式1种。其中，柳州融水县大方村的“屯收屯处理‘龙拱模式’”、百色市隆林县沙梨乡丹施村的“小型焚烧炉（焚烧+烟气净化+污水净

化）”等6种垃圾处理模式，投资少，处理方式简单，容易操作，适合在村一级推广；河池凤山县“集成化焚烧炉”、南宁石埠镇“热解处理成套设备”等6种垃圾处理模式，垃圾处理量大、设备处理能力较强，较适合在镇（乡）一级推广使用；玉林市玉林区大双村的“农村生活垃圾微生物处理资源化技术方案”，分拣能力强、设备先进，能快速除臭，适合在片区推广。

农村生活垃圾就近就地处理模式工作流程如图3-1所示。

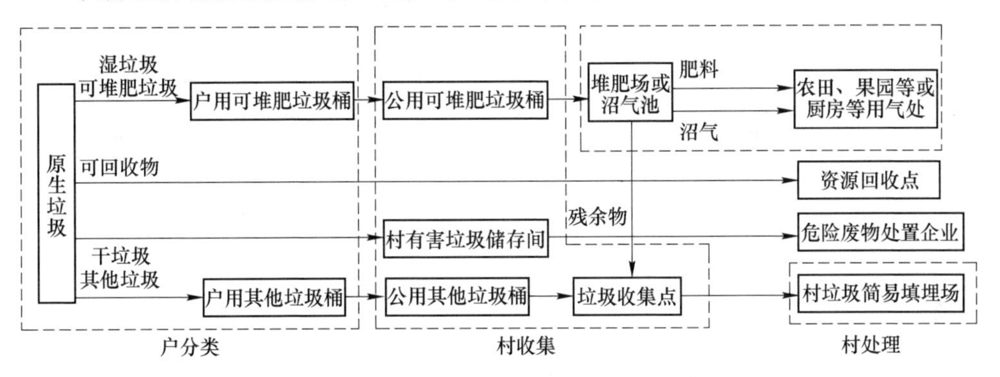

图3-1 农村生活垃圾就近就地处理模式工作流程

3.1.2 城乡一体化处理

城乡一体化垃圾处理模式即生活垃圾通过“户分类、村收集、镇转运、县市处理”的方式，纳入县级以上垃圾无害化处理系统来运作的垃圾处理模式。它原则上适用于处于垃圾处理场（厂）周边约20km范围以内，与城市间运输道路60%以上具有县级以上道路标准的乡、镇、村以及位于环境敏感区的村庄。

（1）主要特点：由各级环卫部门对农村生活垃圾实行收集运输，集中到县进行最终处理。

（2）主要模式：“户集、村收、镇运、区县处理”。

（3）适宜区域：经济发达地区，城乡结合紧密地区。

（4）主要城市：北京、天津、上海、江苏、浙江、广东等。

（5）典型案例：山东全省有132个县（市、区）全部达到省城乡环卫一体化全覆盖认定标准。城乡环卫一体化全覆盖的主要认定标准为：建立了“户集、村收、镇运、县处理”的城乡垃圾一体化收运处理体系（村镇生活垃圾实行就地分拣减量，达到资源化、无害化要求的，须经省考核组认定），实施政策、推进机制健全；全部乡镇（街道）、村（居）均按标准配备了垃圾收运设施，组建了保洁队伍，建立了保洁制度；农村生活垃圾无害化处理率达到90%以上，乡镇（街道）、村（居）环境卫生容貌整洁。

农村生活垃圾城乡一体化处理模式工作流程如图3-2所示。

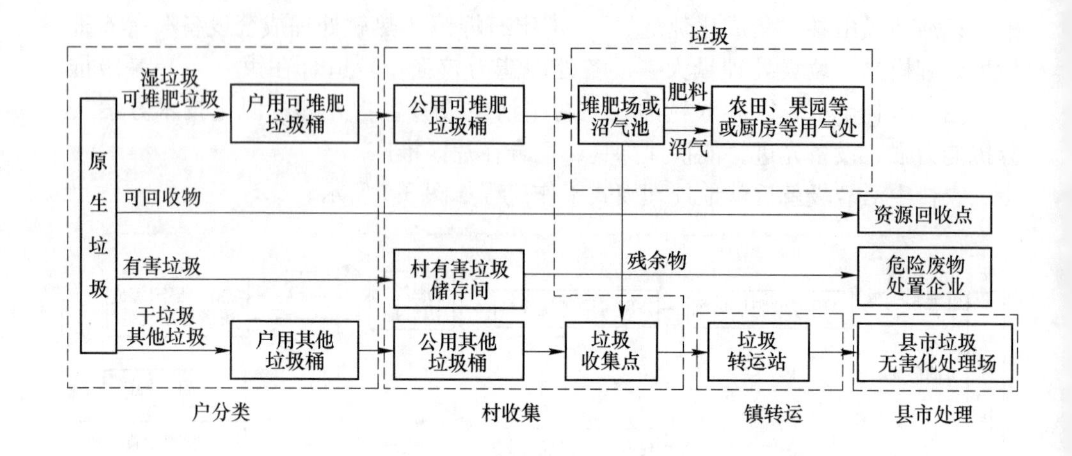

图 3-2　农村生活垃圾城乡一体化处理模式工作流程

3.1.3　分散（分类湿垃圾)+一体化（分类干垃圾)

“分散+城乡一体化垃圾处理模式”即湿垃圾通过就地就近处理，干垃圾通过“户分类、村收集、镇转运、县市处理”的方式，纳入县级以上垃圾无害化处理系统来运作的垃圾处理模式。它原则上是由城乡一体化模式，开展垃圾分类工作演变而来的处理模式，也有少部分农村是由就近就地处理模式演变而来：

（1）主要特点：干垃圾由各级环卫部门对农村生活垃圾实行收集运输，集中到县进行最终处理；湿垃圾就近就地处理。

（2）适宜区域：经济发达地区，城乡结合紧密地区。

（3）主要城市：上海、江苏、浙江、广东等地。

（4）典型案例：2018 年，上海市松江区叶榭镇采用自然堆肥改良模式处理湿垃圾，主要经过分拣、粉碎、添加发酵料及堆肥等工艺产生有机肥料，经上海农科院肥料测试可应用于农田、园林绿化等。该项目于 2018 年 4 月下旬开始运行，主要处置叶榭镇湿垃圾，其干垃圾经转运系统进入松江天马焚烧厂焚烧处理。

3.2　生活垃圾处理与资源化利用的村镇分区分级研究

3.2.1　村镇分区分级设计

根据对全国 16 个省市的调研以及项目组多年累积的经验，从主流收运模式出发，将全国 31 个省市分为 3 个类别（表 3-1）。

表 3-1 全国各省市村镇生活垃圾收运处理模式分级

序号	模式分类	地形	地域	主要省份
类别一	城乡一体化模式	平原为主	东部、中部	北京、上海、天津、江苏、山东、河北、河南、海南
类别二	共存模式	平原和丘陵为主	东部、中部、东北、西南	浙江、福建、广东、山西、安徽、湖北、江西、湖南、宁夏、陕西、广西、四川、重庆、吉林、辽宁、黑龙江
类别三	就近就地处理模式	山区为主/幅员辽阔的平原	西北、西南	甘肃、青海、西藏、云南、贵州、新疆、内蒙古

各区域收运处理模式分析如下：

（1）平原地形为主的东部区域的经济条件、运输距离、人口密度等均采用生活垃圾城乡一体化收运处理模式条件，且目前也处于城乡一体化收运处理的进程中或正在完善，其中仅河北省经济条件较弱，但其收运处理仍宜实现城乡一体化模式。

（2）平原地形为主的中部区域河南省，据调研该省也正逐步走向生活垃圾城乡一体化模式。比较特殊的是海南省，海南省自 2013 年开始实施生活垃圾城乡一体化收运处理以来已取得显著成效，大部分县市已基本实现城乡一体化收运处理模式，因此尽管其地形不是以平原为主，且经济水平一般，但由于其特殊的地理位置及国际旅游岛的定位，也建议将其生活垃圾收运处理模式定为城乡一体化模式。

（3）山区地形的西北、西南地区（甘肃、青海、西藏、云南、贵州），人口密度相对较低、收运水平及经济水平较弱、运输难度高，现状调研也显示其村镇基本采用就地就近处理模式，因此则将其定为就近就地收运处理模式。

（4）新疆、内蒙古属于幅员辽阔区域，人口密度低，同样也适宜就近就地处理模式。

（5）其余省份基本为平原和丘陵为主地形，一般既有城乡一体化模式，也有因经济水平或运输难度（丘陵地形）等因素宜采用就近就地处理模式，属共存模式，如浙江、福建、广东就属于此类典型区域。比较特殊的是宁夏和黑龙江，尽管其地形以平原为主，但因其经济水平和人口密度等原因，目前推进城乡一体化模式困难较多，也将其纳入共存模式。

3.2.2 村镇垃圾处理主要指标分级设计

对调研数据进行描述分析，得到表 3-2。

表 3-2　调研村镇主要指标的描述分析

项目		常住人口/万人	镇区人口占全镇人口的比例	面积/km^2	理论运输距离/km	人口密度/人·km^{-2}	行政村数量/个	居民人均可支配收入/万元·人$^{-1}$	垃圾清运处理资金投入/元·(人·年)$^{-1}$	全镇人均垃圾产生量/kg·(人·天)$^{-1}$	垃圾产量/垃圾清运量/t·d^{-1}	垃圾清运频率/次·d^{-1}	到县城/县政府距离/km
N	有效	50	50	50	50	42	50	35	50	37	36	49	48
	缺失	0	0	0	0	8	0	15	0	13	14	1	2
均值		4. 058306	0. 2482	147. 6940	28. 312796862	328. 56293705	21. 40	11994. 26	57. 1862838186	1. 3725973195	89. 28	0. 78	20. 446
方差		7. 565	0. 052	10011. 795	253. 050	64885. 793	386. 531	1. 611E8	2537. 276	12. 243	103646. 549	0. 303	202. 493
极小值		0. 6996	0. 00	18. 00	4. 3468776	67. 620100	4	0	0. 00000000	0. 00000000	1	0	0. 0
极大值		13. 5000	0. 85	455. 00	80. 2396500	1350. 000000	104	42900	217. 39131000	21. 29300100	1933	2	68. 0
百分位数	10	1. 364110	0. 0000	48. 1100	10. 549459300	87. 01957900	6. 10	1. 00	1. 4510294400	0. 0932743360	2. 70	0. 00	5. 800
	20	1. 735280	0. 0020	61. 5220	14. 997371800	137. 87996400	8. 00	2. 00	11. 4846754000	0. 1434500440	4. 00	0. 00	8. 000
	25	1. 938475	0. 0375	73. 2775	15. 595785000	155. 65124500	9. 00	2. 00	17. 6401102500	0. 1593919750	6. 00	0. 00	9. 250
	30	2. 000000	0. 0760	80. 7780	17. 668301500	170. 29850500	10. 00	3. 60	20. 3626583000	0. 2263817160	12. 10	1. 00	10. 000
	40	2. 744000	0. 1440	98. 4720	21. 002893600	198. 61732400	12. 00	8158. 40	32. 2116396000	0. 3612487720	15. 00	1. 00	15. 000
	50	3. 560000	0. 2350	111. 3000	25. 318282000	265. 40255000	15. 50	8900. 00	53. 0115765000	0. 5000000000	24. 00	1. 00	20. 000
	60	4. 102000	0. 2760	127. 4240	31. 620453200	335. 00942800	17. 60	10624. 00	59. 7482520000	0. 6980952400	25. 80	1. 00	20. 400
	70	5. 090000	0. 3610	197. 0730	35. 540775500	381. 35184600	22. 00	16536. 00	70. 8642165000	1. 2750633600	30. 00	1. 00	28. 300
	75	5. 925000	0. 3925	214. 2500	37. 566268000	431. 24734000	24. 00	20000. 00	80. 0649325000	1. 4583333000	30. 00	1. 00	30. 000
	80	6. 080000	0. 4100	252. 8000	40. 986561800	464. 70588800	28. 00	24053. 40	88. 5384620000	1. 5037736000	40. 80	1. 00	30. 000
	90	7. 874480	0. 5290	274. 9700	46. 798112200	669. 36700700	54. 90	32080. 00	139. 7757660000	1. 8892693600	110. 50	1. 00	35. 200

通过专家讨论，选取了常住人口、镇区首位比、人口密度等7个关键指标，以其30~40百分位数和75~80百分位数为参考，将全国的村镇进行分级（每个指标分为3级），具体结果见表3-3。

表3-3　村镇垃圾处理主要指标分级设计

级别	常住人口/万人	镇区首位比/%	人口密度/人·km^{-2}	居民人均可支配收入/万元	垃圾平均运输距离/km	村镇人均垃圾清运量/kg·(人·天)$^{-1}$	垃圾清运处理相关投入/元·(人·年)$^{-1}$
一级	6	40	450	2	20	1.5	80
二级	2~6	10~40	200~450	1~2	20~40	0.25~1.5	25~80
三级	约2	约10	约200	约1	40	约0.25	约25

3.3　村镇生活垃圾分区分级处理与资源化利用技术模式

3.3.1　村镇生活垃圾处理模式选择的影响因素分析

目前，在村镇生活垃圾处理方案选择中，主要考虑5个方面的因素：地区概况、技术因素、经济因素、环境因素和法律政策因素。

3.3.1.1　地区概况评价

地区概况评价，包括村镇基础数据调查和农村垃圾状况调查两方面。

A　村镇基础数据调查

村镇基础数据调查包括自然环境条件（地形、气候、地质和水文等）、村镇的分布情况、人口的分布和密度、人口的预测和农村发展预测，以及存在的环境问题等。这些基础数据对以后处理方案的选择具有重要的作用。例如，村镇垃圾处理设施的布局应根据农村风向、地表水和地下水的流向，尽量布置在村镇下风和水的下游地区，这样可以减少垃圾处理设施对农村环境的影响。另外，垃圾卫生填埋场的选址应考虑场区的地质状况。

B　村镇垃圾状况调查

通过对村镇垃圾状况的分析，可以初步确定垃圾处理方式及处理场的处理规模。垃圾状况分析，除了了解垃圾产生量和人均垃圾产生量外，对垃圾成分的调查也非常重要。一般情况下，要进行为期1年或更长时间的垃圾成分调查。垃圾调查的结果，是垃圾处理设施方案选择的基础。

如果数据偏差过大，在处理设施建成后，将会出现垃圾处理设备设施利用率低，或不能满足垃圾处理的需求，这样的方案是失败的。建议在进行垃圾处理设施建设之前，投入一定的人力、物力和财力，对垃圾状况进行详尽的调查。

3.3.1.2 技术评价

村镇生活垃圾处理最终要达到减量化、无害化和资源化的目的。垃圾处理基本方式是填埋、焚烧、生化处理技术，另外还有一些非主流处理技术，如热解、气化、制 RDF 等，本节分析此类技术对于村镇的适用性。

A 填埋技术

填埋技术作为生活垃圾的传统和最终处理方法，目前仍然是我国大多数城市解决生活垃圾出路的最主要方法。根据环保措施（主要有场底防渗、分层压实、每天覆盖、填埋气导排、渗沥液处理、虫害防治等）是否齐全、环保标准能否满足来判断，填埋场大致可分为简易填埋场、受控填埋场和卫生填埋场三个等级；根据《生活垃圾填埋场评价标准》（CJJ/T 107—2005），填埋场可分类Ⅰ级填埋场、Ⅱ级填埋场、Ⅲ级填埋场和Ⅳ级填埋场，其中Ⅰ级填埋场、Ⅱ级填埋场指的是卫生填埋场，Ⅲ级填埋场为受控填埋场，Ⅳ级填埋场为简易填埋场。

（1）卫生填埋场（无害化处理场，Ⅰ级填埋场、Ⅱ级填埋场）。既有完善的环保措施，又能满足环保标准，为封闭型或生态型的填埋场。其中Ⅰ级填埋场达到了无害化处理的要求，Ⅱ级填埋场基本达到了无害化处理的要求。

（2）受控填埋场（准卫生填埋场、Ⅲ级填埋场）。有部分环保措施，但不齐全；或者是虽然有比较齐全的环保措施，但不能全部达标。目前的主要问题集中在场底防渗、渗沥水处理、每天覆盖等不符合卫生填埋场的技术规范。这类填埋场为半封闭型填埋场，也会对周围的环境造成一定的影响。

（3）简易填埋场（临时堆场、Ⅳ级填埋场）。基本上没有考虑环保措施，或仅有部分环保措施，未达到环保标准。严格来讲，目前我国仍有很大部分填埋场属于这个等级。这类生活垃圾填埋场为衰退型填埋场，在使用过程中它不可避免地会对周围的环境造成严重污染。

根据《农村生活污染控制技术规范》(HJ 574—2010)，填埋场的防渗可按下述标准：填埋场底部自然黏性土层厚度不小于 2m、边坡黏性土层厚度大于 0.5m，且黏性土渗透系数不大于 1.0×10^{-5}cm/s，填埋场可选用自然防渗方式。根据《生活垃圾填埋场污染控制标准》（GB 16889—2008），如果天然基础层饱和渗透系数小于 1.0×10^{-7}cm/s，且厚度不小于 2m，可采用天然黏土防渗衬层。因此，可以看出，农村地区填埋场对于城市来说，污染控制要求相对较低，对于运输距离较远，经济条件不达标，需要进行就近处理的村落，建议建成污染排放达到《农村生活污染控制技术规范》（HJ 574—2010）的受控填埋场。

B 焚烧技术

垃圾焚烧工艺具有使垃圾减量化、无害化和能源化等优点，但垃圾焚烧一次性投资比较大，同时焚烧烟气的处理工艺复杂，操作和控制的技术要求高。这种

方法比较适用于经济较发达、垃圾发热量较高、土地使用比较紧张的地区。

村镇有不少建设运行小型焚烧炉的案例，但是由于小型焚烧炉烟气处理设施比较简易，大量的有害气体未经充分处理，因此，小型焚烧炉使用需谨慎。

C 生化技术

生化技术主要是针对垃圾分类后的湿垃圾而言。当前的村镇生化处理技术主要有堆肥、回田沤肥，以及高温消毒制饲料等。

a 堆肥

垃圾高温堆肥投资少，并且可以做到垃圾资源化，比较受欢迎。垃圾堆肥自动化程度较高、整体环境较好、臭气控制较好，比较适用于垃圾成分中有机质含量较高的地区。但垃圾堆肥需要控制进场垃圾的成分，否则堆肥产品质量将难以保证。

堆肥的工艺路线与现场情况如图 3-3、图 3-4 所示。

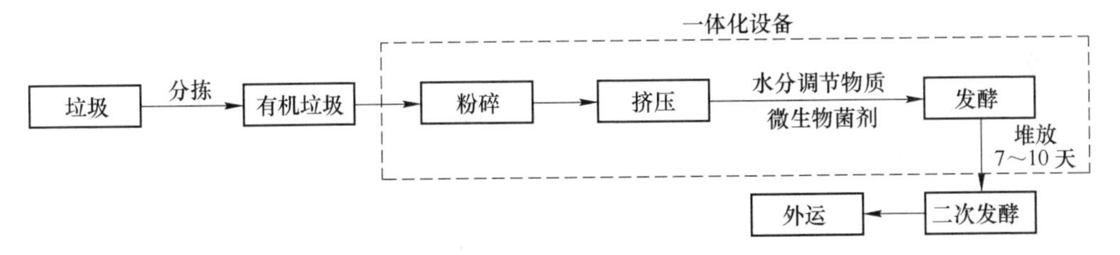

图 3-3 工艺路线

图 3-4 现场照片

b 制饲料

出于安全性考虑，许多国家禁止直接将泔脚作为动物饲料，于是人们开始研究餐厨垃圾的饲料化处理方式。尽管饲料化处理的方式有所不同，但基本可分为生物发酵和物理发酵两大类。鉴于餐厨垃圾中存在的大量霉菌、病毒等有害微生物是造成安全问题的最终根源，因此不论是生物处理还是物理处理，其根本目的是消毒灭菌。

物理处理主要是通过脱水、压榨、灭菌等工序进行干化消毒，餐厨垃圾通过分拣，去除塑料袋、包装盒、饮料瓶、破碎餐具、纸巾等杂质，用单螺旋或双螺旋脱水压榨机对物料进行压榨，脱水、脱脂，对脱出的半干物料进行高温干燥、灭菌，清除物料中多余的水分及各种病原微生物，最后将干燥物料粉碎、称质量，掺入其他成分，混合包装。除高温干燥灭菌外，也有采用高温蒸煮、低温油炸（约 110℃）等工艺进行饲料脱水灭菌处理的。

此方式处理餐厨垃圾具有操作安全、成本低、占地面积小、饲料生产周期短等优点；缺点是须将垃圾及时收运到指定地点，设备复杂，一次投入巨大，垃圾存放时间要短，以避免其腐烂变质。

D 小结

当前的生活垃圾处理技术趋向于综合处理，特别是在垃圾分类工作推进后，集中化收运处理的村镇，生活垃圾处理技术有填埋+生化、焚烧+生化；就近就地处理的村镇，生活垃圾处理技术可以选择受控填埋+生化。

3.3.1.3 经济和财务评价

垃圾的处理用传统的商业项目投资标准来进行经济和财务评价是不行的，不仅要看到垃圾处理的经济效益，也要看到环境效益。就环境卫生领域的建设项目而言，不但要进行财务和经济评估，还必须考虑技术、环境和组织机构等因素的影响，后者与前者往往是相互对立的。建立新的垃圾管理体系，将大大改善卫生状况，减少环境污染，但是同时也会提高垃圾处理成本。新设施所带来的好处是无形的，很难从财务和经济上获得补偿。

对于公共设施低收益的建设，世界银行、德国复兴信贷银行和其他金融机构，建议采用平均增量成本（动态单位成本）的方法进行评估。通过合理假设和一些限定条件，把成本与同一时间内项目的处理量联系起来，再通过对每个备选方案及平均增量成本进行比较，确定最小成本的方案。

在取得不同方案的平均增量成本后，就可以与其技术性能和环境影响一起做综合评价，从而确定实施方案。

3.3.1.4 环境影响评价

环境影响评价，是对建设项目的经济效益与环境效益进行估价、协调，找出既发展经济又保护环境的方案。其内容应包括从垃圾进入到排出处理全过程对环境的影响，进行防治的手段及其所需的投入、生态稳定性和当地公众认可程度等方面的比较。

作为环境保护项目的垃圾处理设施，它的环境影响评价也应该严格按照基本建设程序和环境影响评价的要求执行。

中国于 1981 年开始实行环境影响评价制度，经过近 20 年的实践已日渐完

善。在设计方案时，要考虑必要的环境监测设施和设备，以及相应的监测操作规范。

在项目实施时，要注意做好设施建设前的环境本底值的监测。

3.3.1.5 法律、政策评价

中国于1995年颁布的《中华人民共和国固体废物污染环境防治法》是指导包括村镇垃圾在内的固体废物处理和处置的根本性法律。根据该法及国家其他相关法律、法规，建设部、国家环保总局和科技部于2000年5月29日联合发布了《城市生活垃圾处理及污染防治技术政策》。

此项政策对垃圾处理方案选择提出了指导性的原则："卫生填埋、焚烧、堆肥、回收利用等垃圾处理技术及设备都有相应的适用条件，在坚持因地制宜、技术可行、设备可靠、适度规模、综合治理和利用的原则下，可以合理选择其中一种或适当组合。"

"在具备卫生填埋场地资源和自然条件适宜的村镇，以卫生填埋作为垃圾处理的基本方案；在具备经济条件和缺乏卫生填埋场地的村镇，可发展焚烧技术；积极发展适宜的生物处理技术，鼓励采用综合处理方式。禁止垃圾随意倾倒和无控制堆放。"

根据《中华人民共和国环境保护法》和《中华人民共和国固体废物污染环境防治法》中关于中国控制固体废物污染的目标和要求，为指导垃圾处理工作，中国陆续制定了一批有关垃圾处理的环境标准。

在确定村镇垃圾处理设施方案时，必须充分考虑到以上的法律、法规、政策和标准中的有关规定，并应参考国外相关的标准和规定，为项目决策提出建议。

在对以上5个方面的因素分别进行评价后，最后要对垃圾处理设施的整体方案进行总体评价。

3.3.2 生活垃圾处理方案选择影响因素的筛选与确定

以上述分析和前人研究为基础，考虑定量评价各因子的易操作性，本书处理技术模式选择研究考虑了6大类影响因素。6大影响因素是垃圾基本特征、经济可行性、技术可行性、生态环境、行业管理和社会环境。

3.3.2.1 垃圾基本特征

垃圾基本特征包括垃圾成分、垃圾产生量、垃圾发热量、垃圾含水率和垃圾有机物含量。

生活垃圾成分是决定处理工艺的首要条件，是重要依据。影响村镇生活垃圾成分的因素较多，主要包括经济水平、能源结构、人们的生活习惯、废品回收利

用情况、地理环境等。不同处理工艺对垃圾成分均有一定要求。

生活垃圾的产生量是直接影响处理系统从收集、清运到最终处置的关键数据，是确定工程处理规模的依据。生活垃圾的产生量受村镇人口数量、生活水平、生活习惯等诸多因素的影响。

居民生活水平的提高，导致村镇生活垃圾中可燃、易燃物不断增加，伴随垃圾的发热量相应提高。垃圾发热量高，适合焚烧处理。

垃圾处理方式不同，对含水率的要求也有所不同。高温堆肥对有机质、含水率有一定要求；焚烧对垃圾发热量、含水率也有一定要求；填埋尽管对垃圾含水率要求较低，但含水率高于 60 % 的垃圾对填埋场的运行也是十分不利的，垃圾的渗沥液也难以处理。

高温堆肥处理技术对垃圾的有机物含量有一定要求。随着人类对环境要求的提高，国外一些发达国家已明确规定生活垃圾填埋的有机质不能高于一定的含量。

3. 3. 2. 2 经济可行性

经济可行性包括村镇经济发展水平和经济承受能力、运行费用（ 含运输距离）和回报率。

（1）村镇经济发展水平不仅对垃圾组成产生影响，而且直接影响生活垃圾处理工艺，不同经济条件，有不同的选择。

（2）生活垃圾处理工程的投资额的多少是由经济能力来决定，或由融资难易而定。

（3）不同处理方式所需运行费用不同。运输距离越远，运行费用越高，运输形式根据经济可行性来确认。一般填埋低于堆肥，堆肥又低于焚烧，综合利用视利用程度决定，一般比单一处理成本要高。

（4）处理方式不同，回报率也不同。综合利用回报率最高，其次是焚烧和堆肥，填埋最低。如将填埋气收集发电，则其经济效益将明显增加。

3. 3. 2. 3 技术可行性

技术可行性包括技术可靠性、处理效果、设备返修率、政策法规、标准和人才教育培训。

（1）可靠的技术是保证设备能够正常运转的必要条件。

（2）良好的处理效果是处理工艺能够维持下去的首要条件。生活垃圾处理工程建成后，最重要的就是看最终处理效果是否显著，否则工程将无法正常运行。

（3）设备返修率越低，则设备的运行可靠性、稳定性越高，垃圾处理效果越显著。

(4) 所有设备的生产和使用，均需符合国家政策法规及国家相关行业标准。

(5) 人员素质是生活垃圾处理工程化的关键条件。工程的实施主要涉及以下4类人员：1）决策层人员；2）技术参谋人员；3）工程管理人员；4）操作及维修人员。

(6) 人才的培训是实施垃圾处理工程化的重要保证，针对不同层次人员进行培训是十分重要的。

3.3.2.4 环境因素

环境因素考虑的一是村镇的自然环境，主要包括地理地形、地质、气候、地下水资源和土地资源；二是处理方式对周围环境的影响。

(1) 村镇的地理地形条件是自然形成的，不同的地理地形条件应采用不同的垃圾处理方式。地质环境影响工程建设的投资，对工程运行、对环境产生潜在影响。不同的处理工艺对地质有不同要求，填埋对地质抗渗要求最高，而堆肥及焚烧对地基承载能力有一定要求，达不到要求就必须人工补救，必然加大投资。一般说来填埋对地质要求最高，其他处理要求一般，石灰岩纵横交错断层处不易建垃圾填埋场。气候条件不同，垃圾含水率也不同。其处理工艺也不尽相同。南方地区雨水多，垃圾经填埋后，渗沥液处理量大，运行费用也必然高。

(2) 垃圾处理方式的不同对场区周围影响也不同，必须认识垃圾处理工程对地下水可能造成的危害。在地下水水质特别良好地区应严禁建填埋场。

3.3.2.5 行业管理

行业管理主要考虑村镇垃圾的收集、运输、处理规划等管理体制；其次是垃圾处理工艺技术及企业的运行机制。

(1) 垃圾收集方式有袋装或散装收集、分类或混合收集，运输方式有压缩运输和松散运输等。垃圾分类收运，将对堆肥、焚烧及综合利用产生较好的影响。其管理模式是否具有科学性是村镇生活垃圾处理工程能否正常运作的基本保障。如果管理不善，尽管其他条件均达到要求，依然会导致处理工程无法运行下去。

(2) 机械化和自动化程度越高，说明垃圾处理工艺技术含量越高，处理过程中产生危害就越小，处理效果也越好。

3.3.2.6 社会环境

社会环境是考察公众认可和参与程度，及政府对公众的要求与约束。

(1) 市民素质越高，越能配合做好垃圾处理系统每个环节的工作，如分类、袋装、定时投放、不乱丢垃圾，等等。

（2）加强村镇管理，促进村镇居民和流动人员进一步响应垃圾处理工艺的要求，以改善和保障村镇生活垃圾的有效处理。

（3）法制的健全意味着垃圾处理规范化程度的提高。建立法律法规，为村镇垃圾处理工作提供法律依据，为依法管理村镇市容和环境卫生、行使政府职能起到保证作用。

3.3.3 分区分级村镇处理技术评价模型的构建

3.3.3.1 评价指标体系的建立原则

如何制定科学、系统、全面的评价指标体系，是进行综合评价首先要解决的问题。城市生活垃圾处理模式综合评价涵盖的内容比较多，仅采用某个单项指标进行评价显然具有片面性和主观性。进行综合评价必须建立由多个指标组成的指标体系。这些指标之间彼此互相联系、相互补充、相互依存，从不同方面反映一个复杂系统，可以全面评价系统整体功能。利用评价指标体系是系统、全面描述和评价社会经济现象的一种行之有效的方法，对若干重大工程领域运用评价指标体系的方法进行综合评估，在一些国家已以制度的形式固定下来，并加以实施。

评价指标的选取是否合适，直接影响到综合评价的结论。指标不是选的越多越好。太多了，事实上重复性的指标会产生干扰；太少了，可能所选的指标缺乏足够的代表性，会产生片面性。每一项指标都应从一个方面反映评价对象的某些信息。

选取评价指标的一些基本原则：

（1）目的明确。所选用指标的目的必须很明确，从评价的内容来看，该指标确实能反映有关的内容，反映多与少是另一类问题。决不能将与评价对象、评价内容无关的指标选择进来。

（2）有代表性。选择的指标要尽可能覆盖评价的内容，而且所选的指标确能反映要评价的内容，虽然不是全部，但代表了某一侧面。

（3）可行性。通过一定的手段可以得到指标值。

（4）因地制宜。选择指标应尽可能符合我国垃圾管理实际情况、易于应用和推广。

3.3.3.2 综合评价模型选取

模糊综合评价就是在综合考虑评价对象的各项经济技术指标、兼顾各种特性及各方面因素的基础上，将指标进行量化，根据不同指标对评价对象的影响程度分配权重系数，给评价对象一个定量的综合评价值。

模糊综合评判法基本原理：通过引入隶属函数，将评判指标中的定性和定量指标分别进行处理，统一用隶属函数形式表达，建立模糊关系矩阵，并对各评价

因素（包括子因子）配以适当权重，通过复合运算，求出不同“目标”的隶属度，根据隶属度大小确定选择目标。

该方法可以接受定性和定量两种数据，解决了决策过程中定性数据的不确定性对结果的影响，使决策过程更加客观明确。

A 经典的综合评价方法介绍

a 加法评分法

根据评价对象列出评价项目，对每个评价项目定出评价的等级，并由分数来评定。将评价项目所评得的分数采用加法累计，然后按总分的大小排序，以决定方案的优劣。特点是：简单易行，便于计算；灵敏度不高；主观成分过多。加法评分法的公式为：

$$S = \sum_{i=1}^{n} S_i$$

式中 S——方案总分；

S_i——第 i 个项目（或因子、指标）得分；

n——评价项目数。

b 连乘评分法

将各种评价项目的分数值连乘，并按乘积大小排序，以决定方案优劣。特点是：简单易行，计算直观；灵敏度较加权评分法高；因子间的重要性程度反映不出来，主观成分过多。连乘评分法公式为：

$$S = \prod_{i=1}^{n} S_i$$

式中符号意义同上。

c 加乘评分法

将各评价指标分成若干子指标或子因素，首先计算各指标的子因素的评分值之和，然后将各指标分数值连乘得总评分值，并按分数多少排序，确定优劣。特点是：吸取了加法评价法与连乘评价法的特点，指标分得细，评价较全面；灵敏度介于加法与连乘评分法之间；指标间的重要性程度反映不出来。加乘评分法公式为：

$$S = \prod_{i=1}^{m} \left(\sum_{j=1}^{n} S_{ij} \right)$$

式中 S_{ij}——第 i 个指标第 j 个子因素的分数值；

m——指标数，第 i 个指标中子因素的数目。

d 加权评分法

由于各指标或各因素在总评价中的地位并不完全相同，存在着一种权衡意识，即因子间重要性的相对比较，因此不能平等对待评价对象中的各种指标，于是人们引用了加权评价方法，以期对事物进行评价。

$$S = \sum_{i=1}^{n} a_i \cdot S_i \qquad (\sum a_i = 1)$$

以上几种经典的评价方法虽然简单易行，结果明了，但对某一因素的内涵或外延不明确而具有模糊性质时，常常不能反映实际情况。正是在这个基础上，本书引入了模糊综合评价方法。

B 模糊综合评价方法

模糊综合评价法是运用模糊变换原理，对某一对象进行全面评价，它能比较顺利地解决传统综合评价方法难以解决的“模糊性”评价与决策问题，是一种行之有效的辅助决策方法，其评价的着眼点是所要考虑的所有相关因素，又称为模糊综合决策或模糊多元决策。

a 模糊综合评价法原理

设 $\boldsymbol{U}=\{U_1, U_2, \cdots, U_n\}$ 为 n 种因素（或指标），$\boldsymbol{V}=\{V_1, V_2, \cdots, V_m\}$ 为 m 种评价，它们的因素个数和名称均可根据实际问题需要由人们主观规定。由于各种因素所处的地位不同，作用也不同，当然权重也不同，因而评价也就不同。人们对 m 种评价并不是绝对地肯定或否定，因此综合评价应该是 $\boldsymbol{V}$ 上的一个模糊子集 $\boldsymbol{B}=\{b_1, b_2, \cdots, b_m\} \in G(\boldsymbol{V})$，其中 $b_j(j=1, 2, \cdots, m)$，反映了第 j 种评价 V_i 在综合评价中所占的地位，即 V_i 对模糊集的隶属度：$\boldsymbol{B}(V_j) = b_j$。模糊综合评价还依赖于各个因素的权重，它是 $\boldsymbol{U}$ 上的模糊子集 $\boldsymbol{A}=\{a_1, a_2, \cdots, a_n\} \in G(\boldsymbol{U})$，且 $\sum a_i=1$，其中 a_i 表示第 i 种因素的权重。因此，一旦确定权重 $\boldsymbol{A}$，就相应地可以得到一个综合评价。

b 建立隶属度函数

隶属度函数的确定多带有较浓重的主观色彩，一个模糊集合在给定某种特性之后，就必须建立反映这种特性所具有的程度函数，即隶属度函数，正确构造隶属度函数是应用模糊数学的关键。隶属度函数的确定方法通常可分为模糊统计法和指派法两种。

在某些场合，隶属度函数可通过模糊统计试验加以确定，如二相模糊统计法和三相模糊统计法：在某些场合，可以用二元对比排序法确定隶属度函数的大致形状，根据形状选用隶属度函数的模型，如择优比较法、优先关系定序法、相对比较法、对比平均法等，还可以用概率统计的结果通过推理确定隶属度函数，如采用正态分布函数：

$$f_x = \exp\left(\frac{x-\bar{x}}{\sigma}\right)^2$$

指派法确定隶属度函数是将人们的实践经验考虑进去，若模糊集定义在实数域 R 上，则模糊集的隶属度函数就变成模糊分布，可根据研究问题的性质套用现成的某些形式的模糊分布确定隶属度函数，常见的模糊分布有正态型、戒上型、

戒下型及厂型等。所确定的隶属度函数是否合乎实际，主要不在于单个元素的隶属度如何，而在于是否正确地反映了元素从隶属于集合到不属于集合这一变化过程的整体特性，一般隶属度函数的确定都不是唯一的。

c 因子权重

模糊综合评价中赋权的方法很多，常用的主要有专家打分法、频数统计分析法、主成分分析法及模糊逆方程法等。

各评价因素的权重构成模糊向量：

$$\boldsymbol{A}=\{a_1,\ a_2,\ \cdots,\ a_n\},\ \text{且}\sum a_i=1$$

d 模糊矩阵复合运算

在得到了两个模糊矩阵 $\boldsymbol{A}$ 和 $\boldsymbol{R}$ 的基础上，将 $\boldsymbol{A}$ 和 $\boldsymbol{R}$ 进行模糊矩阵的复合运算，可以得出模糊综合评价结果，表明评价因素对应于 V 上各个不同级别的隶属度：

$$\boldsymbol{B}=\boldsymbol{A}\cdot\boldsymbol{R}$$

如果采用的是加权平均型模型，则计算公式为：

$$b_J=\sum(a_i\cdot r_{ij})\qquad(j=1,\ 2,\ \cdots,\ m)$$

$$\boldsymbol{B}=\{a_1,\ a_2,\ \cdots,\ a_n\}\begin{pmatrix}a_{11} & \cdots & a_{1m}\\ \vdots & \ddots & \vdots\\ a_{n1} & \cdots & a_{nm}\end{pmatrix}=\{b_1,\ b_2,\ \cdots,\ b_m\}$$

根据最大隶属度原则，b_1，b_2，…，b_m 取其最大值，其中所对应的 $\boldsymbol{V}$ 评价集中的级别即为该次模糊综合评价的结果。

e 多层次模糊综合评价

在较为复杂的系统中，需要考虑的因素常常很多，权重的分配很难做到合情合理，而且因素越多时，为了满足 $\sum a_i=1$ 的要求，必然使每个因素分得的权重越来越小。经模糊矩阵的复合运算后会使本来很小的权重在计算单因素评价时而湮没了，这样会丢失很多有用的信息，得不出正确的评价结果。因此当系统的评价因素较多而且评价因素之间的影响又可以分为层次时，需要建立多层次的模糊综合评价模型。

现以二级模糊综合评价为例：将因素集 $\boldsymbol{U}$ 划分成 n 个子集：$\boldsymbol{U}=\{u_1,\ u_2,\ \cdots,\ u_n\}$，则 $U_i=\{u_{i1},\ u_{i2},\ \cdots,\ u_{ik_i}\}$，$(i=1,\ 2,\ \cdots,\ n)$，$u_i$ 有 k_i 个因素，而 $\boldsymbol{U}$ 有 $\sum a_i=1$。首先要对每个 U_i 的 k_i 个子因素作模糊综合评价，其 k_i 个子因素的权重分配为 A_i，U_i 对评价集 V 的模糊评价矩阵为 R_i，则有：

$$\boldsymbol{B}_i=\boldsymbol{A}_i\cdot\boldsymbol{R}_i=\{b_{i1},\ b_{i2},\ \cdots,\ b_{ik_i}\}\qquad(i=1,\ 2,\ \cdots,\ n)$$

$\boldsymbol{B}_i$ 为 $\boldsymbol{U}_i$ 的一级模糊综合评价结果，这一步不仅评价出各个子因素 u_{ij} 所在的等级水平，即对各个评价等级的隶属度 r_{ij}；而且也评出各个单因素 $\boldsymbol{U}_i$ 所在的等级水平，即各个单因素 U_i 对各个评价等级的隶属度 B_i 根据各个单因素 $\boldsymbol{U}_i$ 对评价

等级的隶属度 B_i，得对于 $\boldsymbol{U}$ 的二级模糊评价矩阵：

$$\boldsymbol{R}=(\boldsymbol{B}_1,\ \boldsymbol{B}_2,\ \cdots,\ \boldsymbol{B}_n)^{-1}$$

假设对单因素 $\boldsymbol{U}_i$ 的权重分配为 $\boldsymbol{A}$，则二级模糊综合评价为：

$$\boldsymbol{B}=\boldsymbol{A}\cdot\boldsymbol{R}=\boldsymbol{A}\cdot(\boldsymbol{B}_1,\ \boldsymbol{B}_2,\ \cdots,\ \boldsymbol{B}_n)^{-1}=(b_1,\ b_2,\ \cdots,\ b_n)$$

这个模糊向量 $\boldsymbol{B}$ 就是二级模糊综合评价结果。在实际评价工作中，由于用向量表示并不方便，因此可以采用一个“模糊数”来表示，利用隶属度 b_i 求出综合分值 P：

$$P=\frac{Sd_k b_k}{Sb_k}$$

这里 d_k 是给定的等级参数，也可采用百分制。这一步的意义在于从整体水平上把各个主导因素的模糊综合评价结果用分数来拉开档次。

C　层次分析法（AHP）介绍

层次分析法（analytical hierarchy process，AHP）是20世纪70年代由美国运筹学教授T. L. Satty创立的一种定性分析与定量分析相结合的多准则决策方法。

AHP是一种有效地将定性与定量相结合的多目标规划方法，也是一种优化技术，特别是将决策者的经验判断给予量化，在目标（因素）结构复杂且缺乏必要数据的情况下更为实用。

目前AHP已经发展成为较为成熟的方法，其基本思想是把复杂问题分为若干有联系的、有序的层次，对每一层次的相关元素进行两两比较判断，把各因素的相对重要性定量化，再利用数学方法决定全部元素的相对重要性的总次序，并辅之以一致性检验以保证评价人思维的客观性。

AHP的整个过程体现了人的决策思维的基本特征，即分解、判断和综合。

层次分析法分为六个步骤，即：（1）明确问题；（2）建立层次结构模型；（3）构造判断矩阵；（4）层次单排序及其一致性检验；（5）层次总排序；（6）层次总排序的一致性检验。对上述步骤分析，说明如下：

第一步：明确问题。

为了运用AHP进行系统分析，首先要对问题有明确的认识，弄清问题范围、所包含的因素及其相互关系、解决问题的目的、是否具有AHP所描述的特征。

第二步：建立层次结构。

将问题中所包含的因素划分为不同层次，例如，对于决策问题，通常可以划分为下面几个层次：

最高层：表示解决问题的目的，称为目标层；

中间层：表示采取某种措施或政策实现预定目标所涉及的中间环节，一般又分为策略层、准则层等；

最低层：表示解决问题的措施或方案，称为措施层或方案层。

第三步：构造判断矩阵。

针对上一层次某元素，对每一层次各个元素的相对重要性进行两两比较，并给出判断，这些判断用数值表示出来，写成矩阵形式，即所谓判断矩阵。假定 $\boldsymbol{A}$ 层次中元素 $\boldsymbol{A}_k$ 与下一层次元素 $\boldsymbol{B}_1$，$\boldsymbol{B}_2$，…，$\boldsymbol{B}_n$ 有联系，则构造的判断矩阵为表 3-4 形式。

表 3-4 判断矩阵

$\boldsymbol{A}_k$	$\boldsymbol{B}_1$	$\boldsymbol{B}_2$	…	$\boldsymbol{B}_n$
$\boldsymbol{B}_1$	b_{11}	b_{12}	…	b_{1n}
$\boldsymbol{B}_2$	b_{21}	b_{22}	…	b_{2n}
⋮	⋮	⋮		⋮
$\boldsymbol{B}_n$	b_{n1}	b_{n2}	…	b_{nn}

其中 b_{ij} 表示对于 $\boldsymbol{A}_k$ 而言，$\boldsymbol{B}_i$ 对 $\boldsymbol{B}_j$ 的相对重要性，通常取 1，2，…，9 及它们的倒数，其含义为：

1 表示 $\boldsymbol{B}_i$ 与 $\boldsymbol{B}_j$ 相比，两者重要性相同；

3 表示 $\boldsymbol{B}_i$ 与 $\boldsymbol{B}_j$ 相比，稍重要；

5 表示 $\boldsymbol{B}_i$ 与 $\boldsymbol{B}_j$ 相比，重要；

7 表示 $\boldsymbol{B}_i$ 与 $\boldsymbol{B}_j$ 相比，强烈重要；

9 表示 B_i 与 B_j 相比，极端重要。

它们之间的数 2，4，6，8 及各数的倒数有相应的类似意义，显然判断矩阵有

$$b_{ii} = 1,\ b_{ij} = 1/b_{ji} \quad (i,\ j = 1,\ 2,\ \cdots,\ n)$$

因此，对于 n 阶判断矩阵，我们仅需对 $n(n-1)/2$ 个元素给出数值。

第四步：层次单排序及其一致性检验。

所谓进行层次单排序，即把同一层次相应元素对于上一层次某元素相对重要性排序权值求出来，其方法是计算判断矩阵 $\boldsymbol{A}$ 的满足等式 $\max\boldsymbol{AX} = \lambda\boldsymbol{X}$ 的最大特征 $\max\lambda$ 和对应的特征向量 $\boldsymbol{X}$，这个特征向量即是单排序权值。

可以证明，对于 n 阶判断矩阵，其最大特征根 $\max\lambda$ 为单根，且 $\max\lambda \geqslant n$，$\max\lambda$ 所对应的特征向量均由正数组成，特别地，当判断矩阵具有完全一致性时，有 $\max\lambda = n$，所谓完全一致性是指对于判断矩阵来说，存在

$$b_{ij} = b_{ik}/b_{jk} \quad (i,\ j,\ k = 1,\ 2,\ \cdots,\ n)$$

为检验判断矩阵的一致性，要计算一致性指标

$$CI = \frac{\lambda_{\max} - n}{n - 1}$$

此外还需要判断矩阵的平均随机一致性指标 RI，对于 1~9 阶矩阵，RI 的值见表 3-5。

表 3-5 随机一致性指标

n	1	2	3	4	5	6	7	8	9	10	11
RI	0	0	0.58	0.9	1.12	1.24	1.32	1.41	1.45	1.49	1.51

在这里，对于1、2阶判断矩阵，RI只是形式上的，因为1、2阶判断矩阵总具有完全一致性，当阶数大于2时，判断矩阵的一致性指标CI与同阶平均随机一致性指标RI称为随机一致性比率，记为CR，当$CR=CI/RI<0.1$时，即认为判断矩阵具有满意的一致性，否则就需要调整判断矩阵，使其具有满意的一致性。

第五步：层次总排序。

计算同一层次所有元素对于最高层相对重要性的排序权值，称为层次总排序，这一过程是最高层次到最低层次逐层进行的，若上一层次$\boldsymbol{A}$包含m个元素$\boldsymbol{A}_1$，$\boldsymbol{A}_2$，…，$\boldsymbol{A}_m$，其层次总排序权值分别为a_1，a_2，…，a_m，下一层次$\boldsymbol{B}$包含n个元素$\boldsymbol{B}_1$，$\boldsymbol{B}_2$，…，$\boldsymbol{B}_n$，它们对于$\boldsymbol{A}_j$的层次单排序权值分别为b_{1j}，b_{2j}，…，b_{nj}（当B_k与A_j无关系时，$b_{kj}=0$），此时B层次总排序见表3-6。

表 3-6 随机一致性指标

层次	$\boldsymbol{A}_1$	$\boldsymbol{A}_2$	…	$\boldsymbol{A}_m$	$\boldsymbol{B}$层次总排序权重
	a_1	a_2	…	a_n	
$\boldsymbol{B}_1$	b_{11}	b_{12}	…	b_{1n}	w_1
$\boldsymbol{B}_2$	b_{21}	b_{22}	…	b_{2n}	w_2
⋮	⋮	⋮		⋮	⋮
$\boldsymbol{B}_n$	b_{n1}	b_{n2}	…	b_{nm}	w_n

注：$w_i = \sum_{i=1}^{n} a_i b_{ij}$，$i = 1, 2, \cdots, n$。

这一步骤也是从高到低逐层进行的，如果$\boldsymbol{B}$层次某些元素对于$\boldsymbol{A}_j$单排序的一致性指标为CI_j，相应的平均随机一致性指标为RI_j，$\boldsymbol{B}$层次总排序随机一致性比率为

$$CR = \frac{\sum_{j=1}^{m} a_j CI_j}{\sum_{j=1}^{m} a_j RI_j}$$

类似地，当$CR<0.1$时，认为层次总排序结果具有满意的一致性，否则需要重新调整判断矩阵的元素大小。

3.3.3.3 村镇生活垃圾处理与资源化利用技术综合评价模型构建

A 基于城镇一体化收运的综合评价模型

a 构建评价指标体系

城镇一体化收运模式的村镇，可以选取卫生填埋、焚烧，达到垃圾分类条件的村镇可以考虑采用卫生填埋+生化，或者焚烧+生化处理技术（其中生化处理指大型集中式处理），以上共计四种处理模式。决定村镇处理模式的主要影响因素构建指标体系如图 3-6 及表 3-7 所示。

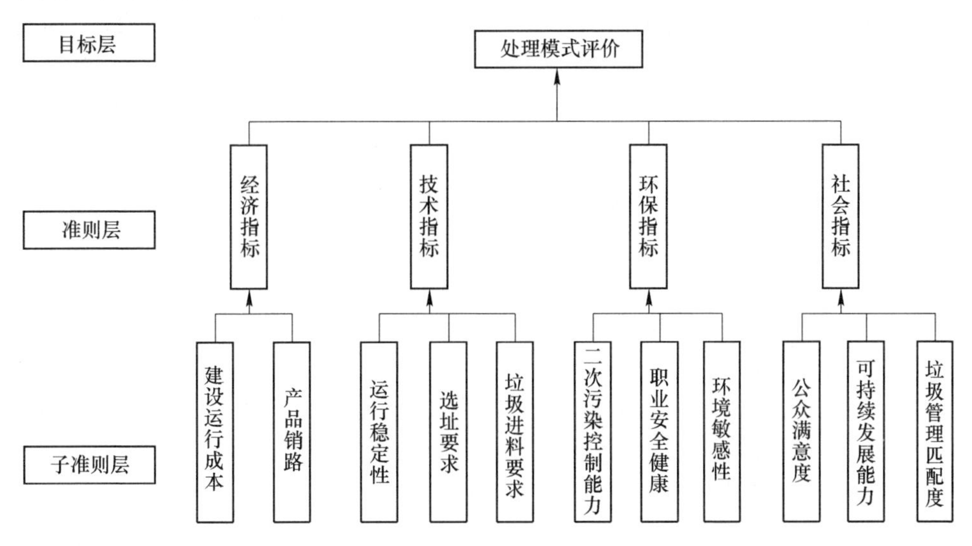

图 3-6 基于城镇一体化收运的评价指标体系

表 3-7 基于城镇一体化收运的综合评价指标

一级指标	二级指标	说明
经济指标	建设运行成本	评价当地的经济发展水平对于该技术建设、运行成本的承担能力
	产品销路	根据当地的产业情况，评价技术产品在当地的销路可行性
技术指标	运行稳定性	评价该技术运行的稳定性
	选址要求	评价该技术对于场地选址的要求以及在该地区选址的难易程度
	垃圾进料要求	评价该技术对于垃圾进料的要求，例如热值、有机质含量、水分等，该地区垃圾原料对于该技术的匹配性
环保指标	二次污染控制能力	评价该技术的二次污染控制能力，如水、气、声、渣等
	职业安全健康	评价该技术对操作人员的职业安全健康保证能力
	环境敏感性	评价该地区环境容量对技术的承受能力
社会指标	公众满意度	评价该技术在建设、运行中当地群众的满意程度
	可持续发展能力	评价该技术的能源化、资源化能力、土地集约化、可再生能力等
	垃圾管理匹配度	评价处理技术与该地区垃圾管理的衔接性，例如政策目标、垃圾分类、美丽乡村的治理措施等

（1）经济指标：

采取城镇一体化收运模式的村镇，可以根据自身的经济现状，选取适宜的处理模式，可以参考的主要指标为建设运行成本以及附产物的销路。

1）建设运行成本：

卫生填埋、焚烧，卫生填埋+生化，焚烧+生化处理技术四种处理模式需投入的建设运行成本差异较大，其中卫生填埋处理投入相对较少，投资成本约为 40 元/m^3，焚烧处理投资成本约为 40 万元/t，生化处理投资成本约为 40 万元/t。

在投入成本方面，短期内（10~20 年）焚烧、生化处理高于填埋场。运营成本方面，以典型城镇为例，填埋成本在 60~100 元/t 左右，焚烧成本为 140~160 元/t 左右，生化处理则依据处理方式，一般在 30~100 元/t。

2）产品收益和销路：

卫生填埋的主要附加产物为填埋气，据统计，我国 2015 年已经完成立项、招标、施工或并网发电的 15 项填埋气综合利用项目中，几乎全部采用发电上网的方式，装机容量大多在 500~2000kW 之间，一些填埋气项目也尝试了其他资源化路径，例如上海老港综合填埋场采用填埋气深度提纯作为车用和船用燃料的技术，广州兴丰生活垃圾卫生填埋场填埋气综合利用项目采用“供热+提纯车用天然气”方式，也取得了成功。

焚烧处理的主要附加产品为热能，其利用方式主要有三种：发电、供热和热电联产，受我国可再生能源补贴政策的影响，绝大多数垃圾焚烧余热都是用于发电，极少部分开始用于供热或热电联产。

生化处理如采用厌氧发酵或好氧堆肥，主要附加产物为发酵固体，可用于制成肥料；如采用高温制饲料技术，主要附加产物为饲料，由于垃圾原料成分的复杂性，肥料以及饲料的产品销路都堪忧。

（2）技术指标：

采取城镇一体化收运模式的村镇，可以根据处理技术的实际情况，结合自身条件，做出适当的选择。

1）运行稳定性：

填埋处理技术。填埋运行技术比较稳定，但是渗沥液处理仍难以完全配套。尤其是 2008 年出台填埋污染控制新标准后，许多渗沥液处理设施都需要进行技术改造，以满足新标准要求。

焚烧处理技术。发达国家和地区的生活垃圾处理实践表明，生活垃圾焚烧技术本身是成熟的、可靠的，在我国生活垃圾焚烧处理的国产化水平不断提高。这些发展焚烧的城市，普遍存在一些共性问题。一是部分城市生活垃圾焚烧厂缺乏配套的卫生填埋场，焚烧炉渣未得到有效处理。二是焚烧飞灰的无害化处理水平总体上仍偏低。三是需要大力加强焚烧运行过程的监管，确保污染物达标排放。

生化处理技术。我国在餐厨垃圾单独收集处理方面已经有了较大突破，涌现

出一批专业从事餐厨垃圾处理的技术和企业。全国有二三十个城市出台了餐厨垃圾管理办法，并建设了餐厨垃圾处理设施。由于生活垃圾分类的呼声越来越高，在我国的管理体制下，生活垃圾干湿分类成为一种重要选择。其中湿垃圾主要是可降解有机垃圾，适合于采用生物处理方式。我国堆肥处理在20世纪八九十年代蓬勃发展后，在21世纪“十五”和“十一五”期间已经逐渐萎缩。实践证明，混合垃圾直接堆肥处理难以达到预期效果。但是，随着我国可降解有机垃圾的单独收集或分类收集，好氧堆肥有可能重新兴起，我国厌氧消化技术的国产化进程也有所加快，欧洲兴起的机械生物处理技术（MBT）在我国也会逐步有所应用。

2）选址要求：

填埋处理设施选址较难。国家建设部《生活垃圾卫生填埋技术规范》（CJJ 17—2004）中的强制性条文第4.0.2条第3项明确规定，“填埋库区与污水处理区边界距居民居住区或人畜供水点500m以内的地区”不得建设垃圾填埋场，国家环保总局副局长潘岳也指出“填埋场界外500m之内不宜兴建永久居住设施、现有设施应予搬迁”。

根据国家相关标准，焚烧处理选址相对较易。焚烧厂与居民区之间的卫生防护距离部分国家没有规定，欧盟、日本等国有的垃圾焚烧厂与居民区的距离很近，有的仅一路之隔也能与居民和谐共处，说明这些厂的污染治理是相当好的。2008年9月4日国家环境保护部环发〔2008〕82号文件（颁布之日起执行）附件中的“生物质发电项目环境影响评价文件审查的技术”要点6的部分内容引起了专家的质疑：根据正常工况下产生恶臭污染物（氨、硫化氢、甲硫醇、臭气等）无组织排放源强计算的结果并适当考虑环境风险评价结论，提出合理的环境防护距离，作为项目与周围居民区以及学校、医院等公共设施的控制间距，作为规划控制的依据。新改扩建项目环境防护距离不得小于300m。

生化处理设施选址较易。设置在市区外，气味影响半径约200m。

3）垃圾进料要求：

相对填埋、焚烧来说，生化处理对垃圾的进料要求较高，对于开展了垃圾分类的村镇来说，较适宜采取填埋+生化或者焚烧+生化的综合处理模式。

（3）环保指标：

采取城镇一体化收运模式的村镇，可以根据处理技术的二次污染控制能力、操作工人的职业安全健康，以及结合自身环境敏感性，做出适当的选择。

1）二次污染控制能力：

垃圾卫生填埋对地面水、地下水、大气均有二次污染，尤以地下水污染较难控制，焚烧处理技术烟气排放量大，须采用合理技术控制有害气体排放，生化处理需重视臭气控制，同时该处理技术对土壤、地面水有轻微污染。

2）职业安全健康：

由于垃圾处理行业的特殊性，垃圾处理安全运行十分必要。其中生化处理技术如设有垃圾前端分选环节，需重视参与人工分选的人员职业安全健康；焚烧处理工艺中，飞灰螯合环节的工人职业安全健康需关注，另外，填埋和焚烧处理的渗沥液厂（站）对员工的安全保障需要特别予以重视。

3）环境敏感性：

村镇应根据自身的地理环境情况，选取不同的处理技术。在一些依法设立的各级各类自然、文化保护地，以及对建设项目的某类污染因子或者生态影响因子特别敏感的区域，如自然保护区、风景名胜区、世界文化和自然遗产地、饮用水水源保护区；基本农田保护区、基本草原、森林公园、地质公园、重要湿地、天然林、珍稀濒危野生动植物天然集中分布区、重要水生生物的自然产卵场及索饵场、越冬场和洄游通道、天然渔场、资源性缺水地区、水土流失重点防治区、沙化土地封禁保护区、封闭及半封闭海域、富营养化水域等，应根据所处环境的敏感性质和敏感程度选取处理模式。

（4）社会指标：

采取城镇一体化收运模式的村镇，可以根据当地居民对处理技术的满意度，以及该技术的可持续发展能力，以及是否满足当前政策、规划情况，做出适当的选择。

1）公众满意度：

在选择了一种垃圾处理方式之后，由于工程的建设和投入使用，必然对处理场（厂）附近的居民产生影响。卫生填埋场可能会产生渗沥液污染饮用水源的问题，以及在垃圾运输途中对沿线群众产生影响，由于运输车密闭性差，造成渗沥液和臭气二次污染问题。焚烧厂的气体排放可能会对周围居民生活区的空气质量产生不良影响，而且大气状况是公众舆论最容易关心的问题之一，因此不容小视。另外，堆肥厂在垃圾堆制过程中产生一些异味，也是需要注意的问题。

2）可持续发展能力：

综合处理和垃圾焚烧发电都能取得较好的资源化效果，卫生填埋除了产生的填埋气体可以加以利用以外，基本没有其他途径的资源回收措施，因此资源回收较差，严重浪费资源，堆肥将垃圾中的有机成分回用作农肥，也达到了较好的资源回收率，但根据目前的资源利用情况看，生化处理的可持续发展能力没有得到长足的发展。

3）垃圾管理匹配度：

处理模式的选择与当前国家政策、地方政府的政策规划相关，与管理者的意愿关联性较大。在推行垃圾分类的区域，可优先考虑采用综合处理模式。

b　构造判断矩阵

采用专家评分法，发放10份问卷，针对准则层、子准则层各个元素的相对重要性进行两两比较，并给出判断，这些判断用数值表示出来，写成矩阵形式，即所谓判断矩阵。采用1~9标度法得到判断矩阵，进行一致性检验。

（1）准则层（表3-8）。

表3-8 准则层判断矩阵

处理模式评价	经济指标	技术指标	环保指标	社会指标
经济指标				
技术指标				
环保指标				
社会指标				

（2）子准则层：

1）经济指标（表3-9）。

表3-9 子准则层判断矩阵（经济指标）

经济指标评价	建设运行成本	产品销路
建设运行成本		
产品销路		

2）技术指标（表3-10）。

表3-10 子准则层判断矩阵（技术指标）

技术指标评价	运行稳定性	选址要求	垃圾进料要求
运行稳定性			
选址要求			
垃圾进料要求			

3）环保指标（表3-11）。

表3-11 子准则层判断矩阵（环保指标）

环保指标评价	二次污染控制能力	职业健康安全	环境敏感性
二次污染控制能力			
职业健康安全			
环境敏感性			

4）社会指标（表3-12）。

表 3-12　子准则层判断矩阵（社会指标）

社会指标评价	运行稳定性	可持续发展能力	垃圾管理匹配度
运行稳定性			
可持续发展能力			
垃圾管理匹配度			

c　形成评价指标权重表

经判断矩阵校正，得到的各个评价指标排序权重，见表 3-13。

表 3-13　基于城镇一体化收运的垃圾处理模式评价指标权重

一级指标	权重	二级指标	权重
经济指标	0.5502	建设运行成本	0.4816
		产品销路	0.0686
技术指标	0.0955	运行稳定性	0.0345
		选址要求	0.0548
		垃圾进料要求	0.0062
环保指标	0.3008	二次污染控制能力	0.0841
		职业安全健康	0.0186
		环境敏感性	0.1981
社会指标	0.0532	公众满意度	0.0240
		可持续发展能力	0.0062
		垃圾管理匹配度	0.0230

d　模糊综合评价

将各评价指标分为优、良、中、差四个等级，并相应积分为4、3、2、1，然后通过建立隶属度方程计算各指标对于评价标准的隶属度，建立模糊关系矩阵 $\boldsymbol{R}$。

$$\boldsymbol{R} = \begin{bmatrix} r_{11} & r_{12} & \cdots & r_{1m} \\ r_{21} & r_{22} & \cdots & r_{2m} \\ \vdots & \vdots & & \vdots \\ r_{n1} & r_{n2} & \cdots & r_{nm} \end{bmatrix}$$

将模糊关系矩阵中每列元素都乘以相对应的权重，最后形成综合评价集 $\boldsymbol{B}$。

$$\begin{aligned} \boldsymbol{B} &= \boldsymbol{A} \cdot \boldsymbol{R} \\ &= (a_1, a_2, \cdots, a_n) \begin{bmatrix} r_{11} & r_{12} & \cdots & r_{1m} \\ r_{21} & r_{22} & \cdots & r_{2m} \\ \vdots & \vdots & & \vdots \\ r_{n1} & r_{n2} & \cdots & r_{nm} \end{bmatrix} \\ &= (b_1, b_2, \cdots, b_m) \end{aligned}$$

B 中的元素表示对应的 4 个标准等级（优、良、中、差）的隶属度。再以 **B** 为行向量，评分集 **P**（100，80，60，40）为列向量，二者进行乘法复合：$\boldsymbol{C}=\boldsymbol{B}\cdot\boldsymbol{P}$，由此可以得出不同的垃圾处理模式的综合得分。

基于城镇一体化收运的综合评价模型见表 3-14。

表 3-14 基于城镇一体化收运的综合评价模型

一级指标	二级指标	说 明	评价等级	等 级 说 明
经济指标	建设运行成本	评价当地的经济发展水平对于该技术建设、运行成本的承担能力	4	经济能力完全可以承受该处理模式
			3	经济能力勉强承受该处理模式
			2	通过政府补助可勉强承受该处理模式
			1	经济能力完全不能承受该处理模式
	产品销路	根据当地的产业情况，评价技术产品在当地的销路可行性	4	产品销路好
			3	需进行政府干预才能保证产品销路
			2	产品销路不好
			1	产品无销路，且对政府造成极大负担
技术指标	运行稳定性	评价该技术运行的稳定性	4	运行稳定性好
			3	运行稳定性较好
			2	运行稳定性较差
			1	运行稳定性非常差
	选址要求	评价该技术对于场地选址的要求以及在该地区选址的难易程度	4	该处理模式容易在该区域选址
			3	该处理模式在该区域选址难度一般
			2	在政府干预努力下，该处理模式可以在该区域选址
			1	该处理模式难以在该区域选址
	垃圾进料要求	评价该技术对于垃圾进料的要求，如热值、有机质含量、水分等，该地区垃圾原料对于该技术的匹配性	4	对进料垃圾没要求或者该地区垃圾分类成效相当好
			3	对进料垃圾要求较低或者该地区取得一定垃圾分类成效
			2	需要进入分类较好的垃圾或者该地区垃圾分类成效较差
			1	需要进入分类好的纯垃圾或者该地区没有进行垃圾分类
环保指标	二次污染控制能力	评价该技术的二次污染控制能力，如水、气、声、渣等	4	污染控制能力高
			3	污染控制能力一般
			2	污染控制能力较差
			1	污染控制能力差

续表 3-14

一级指标	二级指标	说 明	评价等级	等 级 说 明
环保指标	职业安全健康	评价该技术对操作人员的职业安全健康保证能力	4	完全可以保证职业安全健康
			3	通过控制可以保证职业安全健康
			2	通过控制不能完全保证职业安全健康
			1	难以可以保证职业安全健康
	环境敏感性	评价该地区环境容量对技术的承受能力	4	该地区环境容量对该技术的承受能力强
			3	该地区环境容量对该技术的承受能力一般
			2	该地区环境容量对该技术的承受能力较差
			1	该地区环境容量对该技术的承受能力差
社会指标	公众满意度	评价该技术在建设、运行中，当地群众的满意程度	4	该技术有可能获得的公众支持度较高
			3	该技术有可能获得的公众支持度一般
			2	该技术较难获得公众支持
			1	该技术有可能获得的公众支持度低
	可持续发展能力	评价该技术的能源化、资源化能力、土地集约化、可再生能力等	4	该技术的可持续发展能力较强
			3	该技术的可持续发展能力一般
			2	该技术的可持续发展能力较差
			1	该技术的可持续发展能力差
	垃圾管理匹配度	评价处理技术与该地区垃圾管理的衔接性，如政策目标、垃圾分类、美丽乡村的治理措施等	4	该技术符合当地政策制定情况与发展规划
			3	该技术不违背当地政策制定情况与发展规划
			2	该技术有部分内容违背当地政策制定情况与发展规划
			1	该技术完全违背当地政策制定情况与发展规划

采取模糊综合评价后，可根据四种处理模式的评分高低依次排序，选取最适合当地村镇的生活垃圾处理模式。

B　基于就地就近收运模式的综合评价模型

a　构建评价指标体系

采用就地就近收运模式的村镇，可选用的主要处理技术为填埋技术（包括卫生填埋、受控填埋），达到垃圾分类条件的村镇可考虑采取填埋+生化处理技

术（包括卫生填埋+生化、受控填埋+生化）。生化处理的主要技术分为以下八类：

（1）自然生化堆放模式。通过控制反应时间、堆肥温度、堆肥腐熟度、渗滤液和气体排放等方式，利用本土性微生物制剂对有机垃圾进行发酵，形成有机肥料。这种技术工艺简单，经济实用，能有效实现垃圾的减量化处理；但缺陷是在堆放过程中要使用电能，而且发酵周期较长，适合以农业为主的村镇。

（2）集中堆肥模式。通过垃圾破碎、脱液、除臭、杀菌、干燥等程序，将垃圾变为有机肥料的单次处理时间缩短到 4h，能实现 90%的垃圾减量率。但操作时，需要专人在场防止铁、瓷器等进入，避免损坏机器；同时还需要有污水处理设施配套使用，适合以农业为主的村镇。

（3）沼气发酵处理模式。通过建立沼气发酵池，将厨余垃圾发酵成沼气供农户使用。除了厨余垃圾，发酵池内还可以投入青草、秸秆、笋壳等各种生活垃圾；沼液可用作肥料，沼渣也可加工为有机肥，使得厨余垃圾得以充分利用，适合以农业为主的村镇。

（4）堆肥器处理模式。利用自然界广泛分布的细菌、放线菌、真菌等微生物，实现厨余垃圾和水一体化处理，必要时还可添加复合微生物菌剂。但它的处理周期较长，需要 35~45d 才能出肥；同时还需要使用污水处理设施配套，适合以农业为主的村镇。

（5）生化处理机制肥模式。利用嗜热菌群作用原理，通过密封高温雾化快速将垃圾生成有机肥料。不仅 24h 就可出肥，而且垃圾减量率达 90%；但这种模式耗电量大，且每年都需要更换菌群，适合以农业为主的村镇。

（6）破碎沤肥模式。将厨余垃圾、青草、秸秆、笋壳等各种生活垃圾破碎后堆入沤肥池，1 个月后可作为肥料还田，适合以农业为主的村镇。

（7）自然沤肥模式。将厨余垃圾、青草、秸秆、笋壳等各种生活垃圾堆入沤肥池，5~6 个月后可作为肥料还田，适合以农业为主的村镇。

（8）高温消毒制饲料。垃圾分类后的熟厨余经过预处理、高温蒸煮后方可喂猪等禽畜。预处理主要是去除塑胶袋等杂物，对厨余细碎、高温加热，并补充部分营养成分。蒸煮条件：厨余加热中心温度至少应 85℃以上；中心温度维持于 90℃至少 1h；厨余加热后，应迅速冷却，待冷却过程中需加盖，以防止二次污染；厨余中含固体成分，传热不均匀，中心温度不足，应注意搅拌；避免塑胶袋一起蒸煮，适合有禽畜养殖的村镇。

经分析确定村镇处理模式的主要影响因素，构建的评价指标体系如图 3-7 及表 3-15 所示。

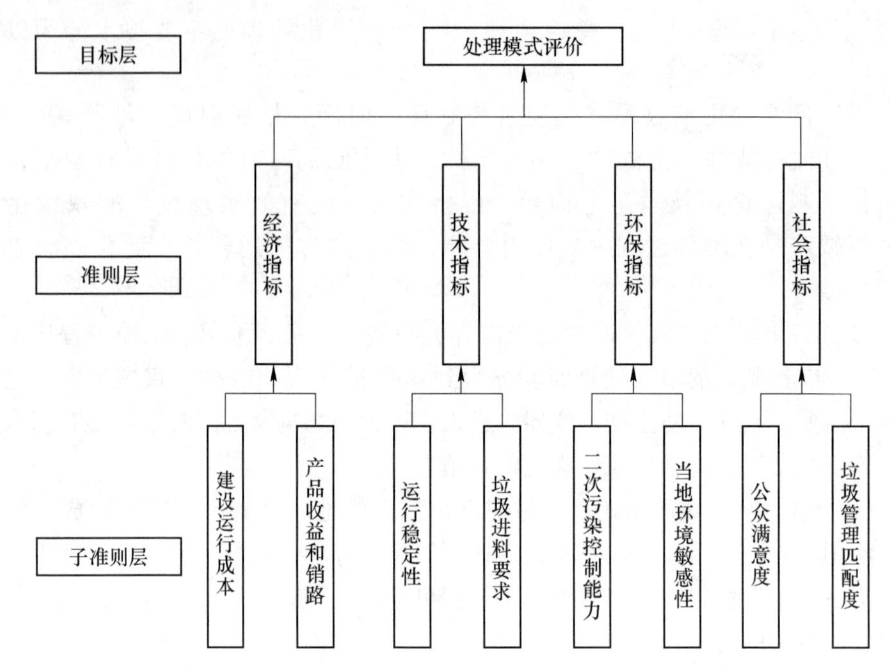

图 3-7　基于就地就近收运模式的评价指标体系

表 3-15　基于就地就近收运模式的综合评价指标

一级指标	二级指标	说　明
经济指标	建设运行成本	评价当地的经济发展水平对于该技术建设、运行成本的承担能力
	产品收益和销路	根据当地的产业情况，评价技术产品在当地的销路可行性以及收益情况
技术指标	运行稳定性	评价该技术运行的稳定性
	垃圾进料要求	评价该技术对于垃圾进料的要求，例如热值、有机质含量、水分等，该地区垃圾原料对于该技术的匹配性
环保指标	二次污染控制能力	评价该技术的二次污染控制能力，如水、气、声、渣等
	当地环境敏感性	评价该地区环境容量对技术的承受能力
社会指标	公众满意度	评价该技术在建设、运行中，当地群众的满意程度和配合程度
	垃圾管理匹配度	评价处理技术与该地区垃圾管理的衔接性，如政策目标、垃圾分类、美丽乡村的治理措施等

（1）经济指标：

采取就地就近收运模式的村镇，可以根据自身的经济现状，选取适宜的处理模式，可以参考的主要指标为建设运行成本以及附加产品的销路和收益情况。

1）建设运行成本：

卫生填埋、受控填埋、生化处理技术需投入的建设运行成本差异较大，其中卫生填埋投资成本约为 40 元/m^3，受控填埋场投资成本应在 20 元/m^3 以上，生化处理根据处理方式的不同，投资成本见表 3-16。

表 3-16　生化处理技术建设运行成本

序号	就近就地处理模式	建设成本 /万元 · t^{-1}	运行成本 /元 · d^{-1}
1	自然生化堆放模式	1~2	80~100
2	集中堆肥机模式	2~3	100~150
3	沼气发酵处理模式	1~2	50~100
4	堆肥器处理模式	1~2	80~120
5	生化处理机制肥模式	60~80	400~450
6	破碎沤肥模式	4~6	50~60
7	自然沤肥模式	0. 5~1	40~50
8	高温消毒喂猪	1~2	100~150

注：运行成本不含折旧，包含人工费。

在投入成本方面，填埋场运营成本约在 60~100 元/t 左右，生化处理则依据不同的处理方式，运行成本也有所不同。

2）产品收益和销路：

填埋场的主要附加产物为填埋气，填埋气综合利用项目主要采用发电上网的方式，也可以尝试其他资源化路径，例如深度提纯作为车用和船用燃料的技术。

经过垃圾分类后的有机垃圾，如生化处理如采用厌氧发酵或好氧堆肥，主要附加产物为发酵固体，可用于制成肥料，如采用高温制饲料技术，主要附加产物为饲料，由于垃圾原料成分的复杂性，考虑到食品安全性，需要对原料进行严格筛选。

（2）技术指标：

采取就地就近收运模式的村镇，可以根据处理技术的实际情况、结合自身条件，做出适当的选择。

1）运行稳定性：

①填埋处理技术。填埋运行技术比较稳定，但是渗沥液处理仍难以完全配套。尤其是 2008 年出台填埋污染控制新标准后，许多渗沥液处理设施都需要进行技术改造，以满足新标准要求。受控填埋场的建设需严格评定，满足当地环保要求才能建设运行。

②生化处理技术。对于就地就近的生化处理技术，由于规模小，分类工作较为彻底，运行稳定性相对大规模生化处理较好。

2）垃圾进料要求：

相对填埋来说，生化处理对垃圾的进料要求较高，对于开展了垃圾分类的村镇或者村民分类意愿评估合格的村镇来说，较适宜采取综合处理模式。

（3）环保指标：

采取就地就近收运模式的村镇，可以根据处理技术的二次污染控制能力、操作工人的职业安全健康，以及结合自身环境敏感性，做出适当的选择。

1）二次污染控制能力：

垃圾卫生填埋对地面水、地下水、大气均有二次污染，尤以地下水污染较难控制，就地就近生化处理需重视臭气控制，同时该处理技术对土壤、地面水有轻微污染。

2）环境敏感性：

村镇应根据自身的地理环境情况，选取不同的处理技术。在一些依法设立的各级各类自然、文化保护地，以及对建设项目的某类污染因子或者生态影响因子特别敏感的区域，如自然保护区、风景名胜区、世界文化和自然遗产地、饮用水水源保护区；基本农田保护区、基本草原、森林公园、地质公园、重要湿地、天然林、珍稀濒危野生动植物天然集中分布区、重要水生生物的自然产卵场及索饵场、越冬场和洄游通道、天然渔场、资源性缺水地区、水土流失重点防治区、沙化土地封禁保护区、封闭及半封闭海域、富营养化水域等，应根据所处环境的敏感性质和敏感程度选取处理模式，尤其是在选取受控填埋场时，需经过严格的环境影响评价做出决定。

（4）社会指标：

采取就地就近收运模式的村镇，可以根据当地居民对处理技术的满意度，以及该技术的可持续发展能力，以及是否满足当前政策、规划情况，做出适当的选择。

1）公众满意度：

在选择了一种垃圾处理方式之后，由于工程的建设和投入使用，必然对处理场（厂）附近的居民产生影响。卫生填埋场尤其是受控填埋场可能会产生渗沥液污染饮用水源的问题，以及在垃圾运输途中对沿线群众产生影响，由于运输车密闭性差，造成渗沥液和臭气二次污染问题，生化处理过程会产生一些异味，也是需要注意的问题；同时，公众分类意愿好的村镇，也可优先考虑综合处理模式。

2）垃圾管理匹配度：

处理模式的选择与当前国家政策、地方政府的政策规划相关，与管理者的意愿关联性较大。在推行垃圾分类的区域，可优先考虑采用综合处理模式。

b　构造判断矩阵

采用专家评分法，发放10份问卷，针对准则层、子准则层各个元素的相对重要性进行两两比较，并给出判断，这些判断用数值表示出来，写成矩阵形式，即所谓判断矩阵。采用1~9标度法得到判断矩阵，进行一致性检验。

（1）准则层（表3-17）。

表3-17 准则层判断矩阵

处理模式评价	经济指标	技术指标	环保指标	社会指标
经济指标				
技术指标				
环保指标				
社会指标				

（2）子准则层一致性检验。

1）经济指标一致性检验（表3-18）。

表3-18 子准则层判断矩阵（经济指标）

经济指标评价	建设运行成本	产品销路
建设运行成本		
产品销路		

2）技术指标一致性检验（表3-19）。

表3-19 子准则层判断矩阵（技术指标）

技术指标评价	运行稳定性	垃圾进料要求
运行稳定性		
垃圾进料要求		

3）环保指标一致性检验（表3-20）。

表3-20 子准则层判断矩阵（环保指标）

环保指标评价	二次污染控制能力	环境敏感性
二次污染控制能力		
环境敏感性		

4）社会指标一致性检验（表3-21）。

表3-21 子准则层判断矩阵（社会指标）

社会指标评价	运行稳定性	垃圾管理匹配度
运行稳定性		
垃圾管理匹配度		

c 判断矩阵校正

经计算得到问卷一、二、三、七、八、九、十判断矩阵不一致，通过分析应是输入数据时的小误差导致，可利用最小改变算法进行修正以达到一致性要求，不需要对此判断矩阵做进一步处理。

（1）问卷一（表3-22）。

修正前一致性比例 $CR=0.2079$，修正后 $CR=0.0963<0.1$。$\lambda_{max}=4.2571$。

表3-22 问卷一修正结果

处理模式评价	经济指标	技术指标	环保指标	社会指标	W_i
经济指标	1.0000	5.0749	3.0749	7.9251	0.5627
技术指标	0.1970	1.0000	0.2454	4.0749	0.1187
环保指标	0.3252	4.0749	1.0000	3.9251	0.2670
社会指标	0.1262	0.2454	0.2548	1.0000	0.0516

（2）问卷二（表3-23）。

修正前一致性比例 $CR=0.1751$，修正后 $CR=0.0954<0.1$。$\lambda_{max}=4.2547$。

表3-23 问卷二修正结果

处理模式评价	经济指标	技术指标	环保指标	社会指标	W_i
经济指标	1.0000	6.4686	1.6604	4.5405	0.5191
技术指标	0.1546	1.0000	0.4045	3.2976	0.1378
环保指标	0.6023	2.4721	1.0000	2.5834	0.2637
社会指标	0.2202	0.3033	0.3871	1.0000	0.0793

（3）问卷三（表3-24）。

修正前一致性比例 $CR=0.2034$，修正后 $CR=0.0967<0.1$。$\lambda_{max}=4.2581$。

表3-24 问卷三修正结果

处理模式评价	经济指标	技术指标	环保指标	社会指标	W_i
经济指标	1.0000	4.2439	1.0000	4.7561	0.4339
技术指标	0.2356	1.0000	0.4456	4.2439	0.1735
环保指标	1.0000	2.2439	1.0000	2.7561	0.3168
社会指标	0.2103	0.2356	0.3628	1.0000	0.0758

（4）问卷七（表3-25）。

修正前一致性比例 $CR=0.1096$，修正后 $CR=0.0984<0.1$。$\lambda_{max}=4.2628$。

表 3-25　问卷七修正结果

处理模式评价	经济指标	技术指标	环保指标	社会指标	W_i
经济指标	1. 0000	4. 9198	2. 9233	4. 1162	0. 5249
技术指标	0. 2033	1. 0000	0. 3416	2. 9184	0. 1223
环保指标	0. 3421	2. 9275	1. 0000	5. 9322	0. 2861
社会指标	0. 2429	0. 3427	0. 1686	1. 0000	0. 0667

（5）问卷八（表 3-26）。

修正前一致性比例 $CR=0.2433$，修正后 $CR=0.0970<0.1$。$\lambda_{max}=4.2590$。

表 3-26　问卷八修正结果

处理模式评价	经济指标	技术指标	环保指标	社会指标	W_i
经济指标	1. 0000	4. 0668	2. 0662	3. 9338	0. 4683
技术指标	0. 2459	1. 0000	0. 3261	4. 0663	0. 1508
环保指标	0. 4840	3. 0665	1. 0000	4. 9332	0. 3135
社会指标	0. 2542	0. 2459	0. 2027	1. 0000	0. 0647

（6）问卷九（表 3-27）。

修正前一致性比例 $CR=0.2254$，修正后 $CR=0.0973<0.1$。$\lambda_{max}=4.2597$。

表 3-27　问卷九修正结果

处理模式评价	经济指标	技术指标	环保指标	社会指标	W_i
经济指标	1. 0000	4. 0448	2. 0418	4. 9568	0. 4689
技术指标	0. 2472	1. 0000	0. 3283	5. 0473	0. 1478
环保指标	0. 4898	3. 0461	1. 0000	7. 9522	0. 3325
社会指标	0. 2017	0. 1981	0. 1258	1. 0000	0. 0508

（7）问卷十（表 3-28）。

修正前一致性比例 $CR=0.2254$，修正后 $CR=0.0973<0.1$。$\lambda_{max}=4.2597$。

表 3-28　问卷十修正结果

处理模式评价	经济指标	技术指标	环保指标	社会指标	W_i
经济指标	1. 0000	5. 0749	3. 0749	7. 9251	0. 5627
技术指标	0. 1970	1. 0000	0. 2454	4. 0749	0. 1187
环保指标	0. 3252	4. 0749	1. 0000	3. 9251	0. 2670
社会指标	0. 1262	0. 2454	0. 2548	1. 0000	0. 0516

d　形成评价指标权重表

根据以上计算，通过算术平均值，得到的各个评价指标排序权重，见表3-29。

表 3-29　基于就地就近收运模式评价指标权重表

一级指标	权重	二级指标	权重
经济指标	0.4814	建设运行成本	0.4322
		产品销路和收益	0.0492
技术指标	0.1323	运行稳定性	0.0368
		垃圾进料要求	0.0955
环保指标	0.3188	二次污染控制能力	0.2139
		环境敏感性	0.1049
社会指标	0.0674	公众满意度	0.0243
		垃圾管理匹配度	0.0431

e　模糊综合评价

将各评价指标分为优、良、中、差四个等级，并相应积分为4、3、2、1，然后通过建立隶属度方程计算各指标对于评价标准的隶属度，建立模糊关系矩阵 $\boldsymbol{R}$。

$$\boldsymbol{R}=\begin{bmatrix} r_{11} & r_{12} & \cdots & r_{1m} \\ r_{21} & r_{22} & \cdots & r_{2m} \\ \vdots & \vdots & & \vdots \\ r_{n1} & r_{n2} & \cdots & r_{nm} \end{bmatrix}$$

将模糊关系矩阵中每列元素都乘以相对应的权重，最后形成综合评价集 $\boldsymbol{B}$。

$$\boldsymbol{B}=\boldsymbol{A}\cdot\boldsymbol{R}$$

$$=(a_1, a_2, \cdots, a_n)\begin{bmatrix} r_{11} & r_{12} & \cdots & r_{1m} \\ r_{21} & r_{22} & \cdots & r_{2m} \\ \vdots & \vdots & & \vdots \\ r_{n1} & r_{n2} & \cdots & r_{nm} \end{bmatrix}$$

$$=(b_1, b_2, \cdots, b_m)$$

$\boldsymbol{B}$ 中的元素表示对应的 4 个标准等级（优、良、中、差）的隶属度。再以 $\boldsymbol{B}$ 为行向量，评分集 $\boldsymbol{P}$(100 ，80 ，60 ，40）为列向量，二者进行乘法复合：$\boldsymbol{C}=\boldsymbol{B}\cdot\boldsymbol{P}$，由此可以得出不同的垃圾处理模式的综合得分。

基于就地就近收运模式的综合评价模型，见表3-30。

表 3-30 基于就地就近收运模式的综合评价模型

一级指标	二级指标	说 明	评价等级	等 级 说 明
经济指标	建设运行成本	评价当地的经济发展水平对于该技术建设、运行成本的承担能力	4	经济能力完全可以承受该处理模式
			3	经济能力勉强承受该处理模式
			2	通过政府补助可勉强承受该处理模式
			1	经济能力完全不能承受该处理模式
	产品销路和收益	根据当地的产业情况，评价技术产品在当地的销路可行性	4	产品销路好
			3	需进行政府干预才能保证产品销路
			2	产品销路不好
			1	产品无销路，且对政府造成极大负担
技术指标	运行稳定性	评价该技术运行的稳定性	4	运行稳定性好
			3	运行稳定性较好
			2	运行稳定性较差
			1	运行稳定性非常差
	垃圾进料要求	评价该技术对于垃圾进料的要求，如热值、有机质含量、水分等，该地区垃圾原料对于该技术的匹配性	4	对进料垃圾没要求或者该地区垃圾分类成效相当好
			3	对进料垃圾要求较低或者该地区取得一定垃圾分类成效
			2	需要进入分类较好的垃圾或者该地区垃圾分类成效较差
			1	需要进入分类好的纯垃圾或者该地区没有进行垃圾分类
环保指标	二次污染控制能力	评价该技术的二次污染控制能力，如水、气、声、渣等	4	污染控制能力高
			3	污染控制能力一般
			2	污染控制能力较差
			1	污染控制能力差
	环境敏感性	评价该地区环境容量对技术的承受能力	4	该地区环境容量对该技术的承受能力强
			3	该地区环境容量对该技术的承受能力一般
			2	该地区环境容量对该技术的承受能力较差
			1	该地区环境容量对该技术的承受能力差
社会指标	公众满意度	评价该技术在建设、运行中，当地群众的满意程度	4	该技术有可能获得的公众支持度较高
			3	该技术有可能获得的公众支持度一般
			2	该技术较难获得公众支持
			1	该技术有可能获得的公众支持度低

续表 3-30

一级指标	二级指标	说 明	评价等级	等 级 说 明
社会指标	垃圾管理匹配度	评价处理技术与该地区垃圾管理的衔接性，如政策目标、垃圾分类、美丽乡村的治理措施等	4	该技术符合当地政策制定情况与发展规划
			3	该技术不违背当地政策制定情况与发展规划
			2	该技术有部分内容违背当地政策制定情况与发展规划
			1	该技术完全违背当地政策制定情况与发展规划

采取模糊综合评价后，可根据四种处理模式的评分高低依次排序，选取最适合当地村镇的生活垃圾处理模式。

C 共存收运模式评价方法

共存收运模式下，选取处理模式主要考虑的因素为经济因素、人口因素、地理因素、环卫投入因素等等。一般来说，应根据当前选取的收运方式将村镇划分片区，部分片区采取城镇一体化集中收运处理，部分片区采取就地就近处理。根据上一节的研究成果，我国村镇可根据人口、镇区首位比、人口密度、居民人均可支配收入、垃圾平均运输距离、人均垃圾清运量、清运处理相关投入等相关因素，将村镇划分为三个等级，一级建议采用一体化收运模式，处理模式建议采用基于城镇一体化收运的综合评价模型，二级建议建议结合当地环卫规划或者管理者意愿，采用一体化收运或就近收运模式，选择基于城镇一体化收运的综合评价模式或者就地就近收运处模式的综合评价模型，三级建议采用就地就近处理模式，采用就地就近收运模式的综合评价模型。

3.3.4 评价案例

3.3.4.1 城镇一体化收运模式案例

A 上海市崇明县竖新镇垃圾处理相关现状概况

竖新镇，全镇总区域面积 58.84km^2，耕地面积 3370hm^2，总户数 17925 户，户籍人口 45624 人，其中农业人口 37434 人，非农居民 8190 人；常住人口 3.78 万人。现有行政村 21 个，其中垦区三个村（前卫、前哨、新征），村民小组 429 个，居委会 2 个，居民小组 13 个。

当前竖新镇日产垃圾量为 19t，该区域由于人口和经济发展情况较为稳定，预计在近期变动不大。生活垃圾组分在镇区和农村差异较大。竖新镇农村居民每家每户均设有垃圾桶，居民将垃圾桶放在门口，由市政市容环境事务所或服务社的生活垃圾收集员使用小型电瓶三轮车或三轮车挨家挨户上门收集至村垃圾房，

再用 3t 后装压缩式垃圾车直接运送至崇明县垃圾填埋场进行处置。

竖新镇试点推进生活垃圾分类工作。根据竖新镇生活垃圾产量及崇明县环境卫生专业规划，干垃圾或者是混合垃圾直运至崇明生活垃圾焚烧厂处理，湿垃圾采用就地或者就近处理。竖新镇镇区范围内，家庭厨余垃圾收集量较少。农村化地区家庭厨余量基本没有，其突出问题为除资源化利用之外的农作物垃圾，包括蔬菜秆、藤蔓、玉米壳等。

根据研究单位对上海市郊区集中式生化处理站、就地生化处理机的跟踪调研结果，就地生化处理机、生化处理站均能对厨余、菜场垃圾实现较好的减量和资源化利用，但是小型生化处理机运行费用偏高，约在 540~1500 元/t 之间；生化处理站运行费用约在 250~300 元之间。而在松江等农村采用的就地沤肥方式经济成本较低、效果较好。经过与崇明县环卫管理部门沟通，竖新镇湿垃圾将采用“一镇一站、一村一点”的就地处理模式。

B 模糊综合评价结果

应用前述建立的评价指标体系，邀请三位崇明县环卫管理部门的人发放评测表，分别对焚烧、填埋、焚烧+生化、填埋+生化四种处理模式进行打分，经计算，四种模式的模糊评价结果见表 3-31。

表 3-31 模糊综合评价结果

处理模式	评价得分	
	综合得分（B）	综合得分（C）
焚烧处理模式	3.8754	97.5088
填埋处理模式	3.5537	93.6842
焚烧+生化处理模式	3.6458	92.9160
填埋+生化处理模式	3.4635	89.2691

根据得分情况，上海市崇明县竖新镇更适宜采取焚烧处理模式，其次是焚烧+生化处理模式以及填埋处理模式，排名最后的处理模式为填埋+生化处理模式。

3.3.4.2 就地就近收运模式案例

A 山西省晋中市平遥县东泉镇

平遥县位于山西省中部，太原盆地西南端，居汾河两岸，隶属于晋中市管辖。全县总面积 1253km^2，山地、丘陵、平川分别占到 46.6%、21.1%、33.3%。耕地面积 76.69 万亩，林地 43.2 万亩。现辖 5 镇 9 乡 3 个街道办、273 个行政村，总人口 52.8 万人，其中农业人口 44.3 万人。平遥县水资源非常贫瘠，年均降水 455mm，水资源总量 1.1 亿立方米。人均地区生产总值 18539 元，农民人均可支配收入 9706 元。

调研的东泉镇属平遥县辖镇，是一个丘陵山区乡镇，也是一个典型的纯农业乡镇，距县府15km，面积62km²，下辖22个行政村，人口2.2万人。

以水磨头村为例，面积约为0.2km²，下辖2个自然村，户籍人口1782人，常住人口约900人，村内主要为留守的老人和儿童。整村地形狭长，北面靠山，有2条主干道（1条为县级公路），村民房屋分散在主干道两侧，主要为独户平房。该村没有集体收入，户均可支配收入为2800元/年。

水磨头村村落面貌如图3-8所示。

图3-8　水磨头村村落面貌

水磨头村的生活垃圾成分较为单一，主要为煤渣、塑料包装纸等非有机质垃圾（图3-9）。村民一般在自家设有垃圾桶存放生活垃圾，村里一天一次统一收集村民的垃圾，收集的垃圾运到山上倒入定点的几个深沟，也有居民直接将自家垃圾倒入附近的山沟。村里有市里统一出资设置的垃圾收集箱，但垃圾箱基本已停止使用，里面装满了居民使用后废弃的煤渣等垃圾。

图3-9　垃圾主要成分

目前，水磨头村共有 8 个保洁员，保洁员的个人信息及相关职责均以告示牌的形式贴于村委驻地，保洁员主要负责村内公用道路的清扫和村民生活垃圾的收集和倾倒，月工资约 600 元/人，由山西省统一打卡支付。

据介绍，东泉镇各村生活垃圾管理方式相同，均自行就地消纳村民生活垃圾，处置方式均为就地山沟倾倒（图 3-10）。

图 3-10　垃圾主要处理方式

B　模糊综合评价结果

应用前述建立的评价指标体系，邀请三位东泉镇环卫管理部门的人发放评测表，分别对卫生填埋、简易填埋、卫生填埋+生化、简易填埋+生化四种处理模式进行打分，生化处理拟采用自然沤肥模式。经计算，四种模式的模糊评价结果见表 3-32。

表 3-32　模糊综合评价结果

处理模式	评价得分	
	综合得分（B）	综合得分（C）
卫生填埋处理模式	2.7048	74.0951
简易填埋处理模式	3.4406	88.8114
卫生填埋+生化处理模式	2.5781	71.5628
简易填埋+生化处理模式	3.7833	95.6663

根据得分情况，东泉镇更适宜采取简易填埋+生化处理模式，其次是简易填埋处理模式以及卫生填埋处理模式，排名最后的处理模式为卫生填埋+生化处理模式。

3.3.4.3　共存收运模式案例

A　云南省昌宁县柯街镇垃圾处理相关现状概况

目前云南省保山市昌宁县有 50 多个焚烧站，但环保部已命令禁止再建焚烧

站。多数集镇垃圾采用简易填埋（每个乡镇至少2~4个简易填埋场），目前镇级只有柯街镇、卡斯镇在建卫生填埋场，县级有昌宁县城市生活垃圾无害化处理工程（填埋场）。多数集镇都在进行垃圾收费。

柯街镇面积为211km^2，常住人口3.2万人，镇区人口约1万人。镇区性质：集镇，下辖5个行政村、7个农村社区。柯街镇地形为山地，年平均降水量为960mm，镇区离县城距离约30km，镇区人口较为集中，村落间较分散。住房形态以独户楼房为主，产业模式为农业。居民收入在人均8396元/年。禽畜饲养规模不大，偏散养，全镇有禽畜粪便沤肥池100口左右。

垃圾收费规则为山区不收垃圾费，集镇居民120元/(年·户)，发通知居民自己交，收缴率约90%，年收费约18万元。垃圾收运、处理经费费用来源较多较杂，如住建部、环保局、房管局等，主要靠项目争取。设施建设费用由上级政府支持，运行费用由镇、村负责。（1）集镇镇区全年垃圾收运处理总费用36万元，50%靠居民收费，50%靠镇政府补贴。（2）农村垃圾收运、处理的运行费由村部自行解决。农村垃圾收集用的拖拉机由农村环境整治专项资金购置，然后通过“以车养车”的方式承包给集体或个人，拖拉机承包者需负责垃圾的收运，但其他时候拖拉机的用途由承包者自行安排。垃圾焚烧站的运行经费包括运行人员（1人/炉，1180元/人）、点火费用，全年不到2万元，由其所服务的农村自行解决。农村由村民小组长管理，镇区由柯街集镇管理办统一管理。

该镇垃圾收集点分为镇区用铁制垃圾桶，农村用垃圾池或垃圾棚（地面硬化，直接倾倒垃圾）。目前正在计划增加1t级可装卸式垃圾车厢（7000元/车厢）。村垃圾收集由村民小组自行负责，村至镇的垃圾清运由镇统一负责，保洁员工资1180元/(人·月)。垃圾收运车辆共有4辆，1t级车厢可卸式垃圾车2辆（5.6万元/辆），3t级后装式垃圾压缩车1辆（约20万元/辆），8t级后装车1辆（30万~40万元/辆），另外还有农村用拖拉机若干（4万~5万元/辆）。垃圾收运频率为镇区及周边1~2天/次，农村自行管理。垃圾收集点至处理点的最大运输距离：镇区至填埋场4~5km；农村离焚烧站近的1~2km，远的7~8km。

垃圾处理流向为镇区集中填埋处理，农村就地焚烧。

垃圾处理方式：（1）（镇区及5个周边村社）集中收运，垃圾产量约15t/d，目前集中运到简易填埋场。（2）7个农村社区采用垃圾焚烧站（6座，2t/座）。（3）边远山区的7个农村采用简易填埋（3座）。焚烧站目前处于吃不饱状态。点火费用高，每次点火需耗费≥50kg柴油（300~400元）、2车柴（1400元），合计1500~2000元。

卫生填埋场规模30t/d，总投资2331万元，资金1400万元，主体工程建设基本完成。计划在7个山村建设垃圾焚烧站。另外，正在向省环保厅争取建设垃圾热解焚烧站1座，预计建设成本约100万元（其中主体投资60万元），运行成本 20 万~30 万元/年。

柯街镇环卫现状如图 3-11 所示。

图 3-11　柯街镇环卫现状

B　模糊综合评价结果

根据柯街镇的现状情况，柯街镇镇区及 5 个周边村社为二级村镇，7 个农村社区以及 7 个边远农村村落为三级村镇。二级村镇拟采用基于城镇一体化收运的综合评价模型，三级村镇拟采用基于就地就近收运模式评价模型。

a　基于城镇一体化收运的综合评价

应用前述建立的评价指标体系，邀请三位柯街镇环卫管理部门的人发放评测表，分别对焚烧、卫生填埋、焚烧+生化、卫生填埋+生化四种处理模式进行打分，经计算，四种模式的模糊评价结果见表 3-33。

表 3-33　模糊综合评价结果

处理模式	评价得分	
	综合得分（B）	综合得分（C）
焚烧处理模式	2.0360	60.7206
卫生填埋处理模式	3.5693	91.3866
焚烧+生化处理模式	1.9715	59.4295
卫生填埋+生化处理模式	3.5114	90.2283

根据得分情况，柯街镇二级村镇更适宜采取填埋处理模式，其次是卫生填埋+生化处理模式，再次是焚烧处理模式，排名最后的处理模式为焚烧+生化处理模式。

b　基于就地就近收运模式评价

应用前述建立的评价指标体系，邀请三位柯街镇环卫管理部门的人发放评测表，分别对卫生填埋、简易填埋、卫生填埋+生化、简易填埋+生化四种处理模式进行打分，生化处理拟采用自然沤肥模式。经计算，四种模式的模糊评价结果见表3-34。

表3-34　模糊综合评价结果

处理模式	评价得分	
	综合得分（B）	综合得分（C）
卫生填埋处理模式	2.7048	62.8647
简易填埋处理模式	3.4406	88.8114
卫生填埋+生化处理模式	2.5781	54.7173
简易填埋+生化处理模式	3.9387	98.7735

根据得分情况，柯街镇三级村镇更适宜采取简易填埋+生化处理模式，其次是简易填埋处理模式以及卫生填埋处理模式，排名最后的处理模式为卫生填埋+生化处理模式。

4 农村生活垃圾管理对策研究

4.1 生活垃圾管理现状

农村生活垃圾管理问题是一个社会问题，而解决一个社会问题需要涉及经济、技术、行政、法律等多方面手段，其中法律法规是解决问题最有效的手段，也是其他方面政策制度实施的重要保障。本书整理了国内和国外在农村生活垃圾管理方面的现状，并通过分析国外农村生活垃圾管理方式剖析国内现有管理方式的不足和需完善的地方。

4.1.1 国外管理现状

4.1.1.1 法律法规

国外在农村生活垃圾管理上具有比较完善的体系，它们比较注重通过约束机制管理生活垃圾，通过立法加强对垃圾管理的规范与约束，使得在垃圾管理过程中有法可依、有法必依。美国、德国、日本等国家从国家层面和地方层面均制定了比较详细的法律。通过这些法律规定了生活垃圾的产生、利用、处理等多个过程，在实现资源最大利用价值的同时，又实现对环境的保护。

A 国家层面

美国是一个经济发达的国家，其法律在环境治理过程中扮演着至关重要的角色。1965 年美国联邦政府与议会通过了《固体废弃物处理法》。《固体废弃物处理法》制定的目的在于控制废弃物对美国土地的污染，合理地回收利用废弃物。1970 年美国将其修订为《资源回收法》，又于 1976 年修订更名为《资源保护及回收法》。该法将废弃物管理从简单的清理扩展到包括分类回收、减量和再利用。《固体废弃物处理法》和《资源保护及回收法》是美国联邦立法机关制定的，在这两部法律中可以看出美国治理生活垃圾污染的态度从“末端治理”转变为“源头治理”。1969 年，美国国会颁布了《国家环境政策法》，这是一部在美国具有最高法律效力的法律，虽然已经制定了 40 多年，但其制定的很多条款具有很强的前瞻性，在美国环境保护领域具有环境法典地位。另外美国颁布了《生活垃圾处置法》以针对生活垃圾，同时还制定了《全面环境响应、赔偿和责任法》以及《危险废物管理条例》。

德国具有“法治国家”之称，其是欧盟的主要成员国，不仅要执行本国制

定的法律，还要实行欧盟规定的法律，在双重法律防护下，德国在垃圾治理方面具有一系列详尽的法律框架系统，以保证垃圾管理制度的实施。1972 年联邦德国通过了《废弃物管理法》，法律要求关闭无人管理的垃圾场，代之以集中的地方政府严密监管的垃圾场。1986 年通过了《垃圾法》，《垃圾法》包括产品的回收再使用、作为二发原料或再生制品的再利用以及回收热能等的再利用，建立了较为完善的农村垃圾分类收运系统。在垃圾处理时，要求首先考虑热能回收，其次再考虑卫生填埋。1991 年还制定了《包装废弃物处理法》，该法要求商品包装物要尽可能减少并回收利用。1994 年制定了《循环经济和垃圾管理法》，规定首先要尽量避免产生废弃物，其次要对已经产生的废物进行循环使用和最终资源化处置。除此以外，德国还颁布了《废物避免产生和废物管理法》，以管理废弃物。

日本在垃圾管理方面有较为全面的法律保障体系，1970 年制定了《废弃物处理法》，现在已经过多次大规模的修改。1991 年制定了《再生资源使用促进法》，即《再循环法》。1995 年，制定了《关于促进容器包装分类收集及再商品化法律》，即《容器包装再循环法》（1997 年实施）。1998 年制定了《特定家庭用电器再商品化法》，即《家用电器再循环法》，从 2001 年 4 月实施。2000 年制定了《推动建设资源再循环型社会基本法》《建筑工程材料再循环法》《食品循环资源再生利用促进法》等，都从 2001 年开始实施。还根据各种产品的性质制定了具体的法律法规，即《促进容器与包装分类回收法》《家用电器回收法》《建筑及材料回收法》《食品回收法》《汽车再循环法》《废弃物处理法》《绿色采购法》。其中《废弃物处理法》对垃圾的分类方式、废弃物的处理计划、废弃物的处理责任做了详细的规定；其第 25 条 14 款规定：胡乱丢弃废弃物者将被处以 5 年以下有期徒刑，并处罚金 1000 万日元（约合人民币 83 万元）；如胡乱丢弃废弃物者为企业或社团法人，将重罚 3 亿日元（约合人民币 2500 万元）；法律还要求公民如发现胡乱丢弃废弃物者请立即举报。

B　地方层面

除国家颁布了农村生活垃圾法律，地方也出台了一些法规管理农村生活垃圾。美国俄克拉荷马州和肯塔基州颁布了关于农村地区路边倾倒垃圾问题的法规，对非法倾倒垃圾的行为处理有相关的条文规范。马萨诸塞州于 2005 年 8 月颁布了法令，禁止填埋具有某些特性的建筑垃圾，主要包括油毯、砖头、混凝土、木头、金属以及塑料等，这些禁止填埋的特定类别建筑垃圾必须运到指定的废物回收再利用中心进行加工再利用。加利福尼亚州从 2006 年 2 月全面实施《普通有害废弃物法》，规定不准在垃圾填埋场填埋被称为普通有害废弃物的电池、荧光灯管以及电子元件和水银的恒温器，法律要求所有居民和单位不得将此类有害废弃物混入填埋类垃圾。

加拿大的卡佩勒地区颁布了关于村庄垃圾收运规范。户主必须按照规范设置

自家的垃圾收集容器，垃圾容器必须是有盖的金属或塑料容器，所有废弃物在进入收集容器之前必须经过打包，并且不能超过容器限定的重量。此外，对垃圾收集时段和垃圾尺寸大小也都有规定。规范对可回收垃圾的收集也有详细规定。可回收垃圾的收集要用特殊颜色标明并附说明性语言，设在特定区域，垃圾在进入收集容器前必须保证满足容器上提示的要求。比如废纸必须达到干燥和没有被污染等要求。

澳大利亚的 Campaspe 市对农村废物回收设备发布了相关政策。由于欧美、日本等发达国家城市化率比较高，因而其农村生活垃圾的管理法律制度与城市并无差别时城市制定的生活垃圾法律法规也适用于农村地区。

4.1.1.2 管理措施

为了促进农村生活废弃物的减量、回收利用和处理，国外一些发达国家通过财政手段向生活废弃物处理者提供资金援助，如通融资金、补助金和税收等；而对废弃物生产者收取垃圾收集和处理的全部费用，以减少农村垃圾的产量。不同国家在管理政策上也存在较大的差异，各具特色。

A 美国

美国制定了一系列农村废弃物治理的资金扶持制度。为了解决垃圾处理服务供给中的经费问题，美国设立了专门的理事会或基金会，管理环卫资金。资金不仅包括政府的投入，也包括居民支付的垃圾费。对于垃圾处理厂的运营，实行“公共投资、私人经营”，即有关部门在建好垃圾处置厂后，先核算处理每吨垃圾的最低费用，然后将处置厂的运营权向社会公开招标，在达到环保标准的前提下，出价最合理的公司即获得运营权。如废弃物处理及资源化降级奖金制度具体规定：“对指定和修改固体废弃物计划的州、市或州间机关实行补助；同时，对固体废弃物处理方法的研究开发、调查研究以及实际验证实行补助；对资源回收装置的设计、操作管理、监督和维护人员的训练计划实行补助。”

美国通过市场化运作开展农村垃圾治理。美国农业环境保护项目是自愿性的，联邦政府一方面通过资金、技术以及政策方面的支持，引导农场主参与农业环境保护项目；另一方面为提高保护政策的实施效率，在项目运作中引入市场机制，其支付水平取决于农场主环境保护水平与成效。为降低垃圾处理的成本，20世纪 80 年代以来，美国就开始普遍采用招投标制度将垃圾服务承包出去。美国对大约 315 个地方社区的固体垃圾收集的调查显示，私营机构承包要比政府直接提供这种服务便宜 25%的费用。2012 年由独立的研究组织提供的报告显示私营机构承包使街道清扫费用节约 43%。

美国十分重视农村垃圾治理的公众参与。美国在制定环境相关法律、计划时，或者在许可建造废弃物处理设施时，都需要邀请农民广泛参与，而不仅仅是征求意见。只有农民参与制定的法律和计划，农民才有意愿遵守和执行，才是具有可操作性的法律和计划。根据法律，农民可以申请组成类似于非政府组织的农村社区自治体，宣传、推广废弃物循环利用知识和家庭简单易行的再利用、资源化方法，或者是直接开展废弃物回收。在美国乡村，社区是最基层、最贴近民众的社会管理单位，是广大民众活动的基本场所。在农村社区中，主要实行公民自治，政府一般不干预社区管理，只是负责制定社区发展规划，提供财政支持，并对社区运行进行监督。像农村垃圾治理项目的选址、设计和规划等活动，是由当地居民自己组织、自愿参加的。每家每户都有一个带轮子的垃圾箱，每天早晨送到公路边，由专车带走分类垃圾。

分类政策上，美国《固体废弃物处理法》有详细的分类标准。不管在美国的城市还是乡村，垃圾箱至少是 2 个，大多数是 3 个垃圾箱。在美国农村家庭中，垃圾箱至少会分为 3 个颜色，分别是蓝色——可回收垃圾，棕色——生活垃圾，绿色——植物垃圾，其中可回收的垃圾箱是由政府统一发放的。社区义工会给每家发送垃圾分类指南，如果垃圾处理工发现哪家没有严格执行，将不会收走该户门口的垃圾。

B 德国

德国是最早进行垃圾分类的国家之一，无论是街道、办公室还是家庭，垃圾分类制度执行得非常好。德国对生活垃圾分类有着详细的规定，根据不同州的地形气候，在家庭设置不同的处理设施，有的地区要求配备 3 个垃圾桶，分别为黄、棕、灰三个颜色，其中黄色垃圾桶主要用于存放塑料包装、铝箔包装等包装废弃物以及其他包装材料；棕色垃圾桶主要用于存放有机垃圾，如果皮、剩饭剩菜、蔬菜、蛋壳、一次性纸杯、树叶、杂草等；灰色垃圾桶主要用于存放诸如白炽灯、圆珠笔、煤渣、皮革等不能回收利用的剩余垃圾。不同的垃圾种类回收的次数也是不同的，餐饮垃圾冬天每星期至少要收运一次，夏天每周至少两次；其他固体型垃圾则为两星期至少进行一次集中处理。

德国在农村生活垃圾管理的财政制度上规定：对废弃物输送车采取免税制度；对生产者收取垃圾的收集、处理和处置的全部费用，并且德国的垃圾处理费用缴纳方式与银行转账系统直接联网。德国政府对垃圾收费没有明确的规定，各州政府根据各州情况制定相应的收费标准，收缴上来的资金可以用于垃圾污染防治。垃圾收费的对象主要是企业和居民个人，垃圾收费的种类主要是没有利用价值、不值得回收的垃圾。从农村生活垃圾的收费额来看，总体是比较低的，对于生活垃圾产生量较大的村民会相应提高收费标准。

德国制定的生产者责任制度中涉及农村生活垃圾处理方面包括村民若没有按照相应的要求进行规定处理，轻微的给予口头警告，严重的会进行罚款，甚至是会要求去做一周的义工。

德国主要采用集中收运、统筹处理的方式对农村垃圾进行城乡一体化处理。以勃兰登堡州县的垃圾转运模式为例，AWU 公司负责该县和附近县的垃圾转运工作，由欧绿保集团与 RUPPIN 县共同成立（政府占 51%）。公司成立于 1991 年，现有员工 75 人。作业中心拥有先进的垃圾转运车辆和设备，还有车辆停放场、分类投放站和修理车间（图 4-1）。公司业务由县政府委托，县政府制定了垃圾收集的规章，定期收集各种垃圾，如其他垃圾每 2 周清除收运一次，纸类每个星期收集，塑料等轻质垃圾每两周收集一次。垃圾收费由独立审计公司每年进行审计审核，每两年可更新一次价格。垃圾桶有用户标签，垃圾费用账单定期寄给用户。

图 4-1　AWU 公司的垃圾收集与转运

C　日本

日本的垃圾分类制度是世界上最严格的，农村垃圾管理和日本城市一样，分类较细，能回收的垃圾与生活垃圾分开投放，设置多个分类箱收集，部分地区按不同星期回收不同类型的垃圾，包括玻璃制品、塑料、皮革、金属、家电等，居民尽量不产生二次垃圾，通过垃圾分类以提高资源的利用率。日本农村垃圾的收运强调“各种垃圾分类回收”，专用垃圾车定期收集经过严格分类的废弃物，然后直接送入处理厂回收利用，分类收集减少了后续处理阶段的难度。

日本的垃圾管理具有详细的垃圾收费制度，收费模式主要分为三种：（1）按照垃圾的排放量；（2）按户或者人头收费；（3）“超量收费”，这种较为合理的收费梯度方式类似于我国实行的“阶梯水价”模式。在价格杠杆机制下，日本农村生活垃圾的产生量大大减少，减轻了垃圾对环境造成的污染，也减轻了后续垃圾处理工作的压力。

日本在政策技术和资金方面引入市场机制，对私人企业投入垃圾产业，采取多元化的投资模式等方式进行优惠和鼓励，从而减轻国家财政和管理的负担。除此以外，日本很注重垃圾管理宣传教育工作，日本政府的大力宣传得到了日本居民对于垃圾分类的支持和配合，日本对于生活垃圾分类回收的教育和宣传从小学教育就开始，居民在日常生活中正确处理垃圾，孩子会知道垃圾分类，玻璃瓶、罐、报纸和其他废物装在不同的袋子中。

D 新加坡

新加坡的居民和单位需要缴纳垃圾收集和处理费用，标准为：居民垃圾每月每户 5~10 新元（直接收集费用高于间接收集）。对于逾期未交垃圾费的采取断电、断水、罚款等惩罚措施。

E 英国

英国设立了专门的缴费卡用来缴纳垃圾处理费。英国针对农村垃圾处理采用的技术与城市基本相同，英国垃圾处理技术主要包括资源回收利用、垃圾焚烧、堆肥、厌氧发酵和卫生填埋，但在技术细节上具有很强的针对性，首先英国农村垃圾的分类和资源回收率高于城市，通过分类和资源回收，垃圾处理量大幅降低，英国大部分地区生活垃圾收运频次为一周一次或两周一次，分类后的有机垃圾主要采用小型家庭堆肥处理技术，约占英国生活垃圾产生量的 18%，而大型工程化的 MBT 堆肥处理设施仅有 25 座，处理量不到英国全国生活垃圾的 5%。针对农村地区垃圾焚烧处理设施规模较小的特点，英国小型垃圾焚烧厂全部采用供热或热电联产的技术实现能源回收，降低运营成本；小型焚烧厂和大型焚烧厂执行同样的污染控制标准，确保环境友好。

F 埃及

埃及和中国同是发展中国家，埃及农村的垃圾管理模式的建立得到了世界银行地中海环境科技支援项目的支持，并提供了农村垃圾管理解决方案。当地政府为固体垃圾管理制度投资预算并负责分配给各个需要的地区；政府负责当地公共区域的垃圾收集工作，并运行现有的堆肥设施，监督和管理垃圾倾倒和填埋；为各个村确定一个负责人；当地政府必须和其他区域明确垃圾收集和转运的频率；确定垃圾处理、回收和焚化的地点。

埃及在农村垃圾管理资金问题上，除了中央政府财政拨款，当地的政府也加

大投入，争取更多的拨款。同时通过征税或者收费等形式得到财政资金，利用各种财政手段获得更多的投入。解决资金问题的手段主要体现在开源节流上：节流上要求购买当地生产的低价的、易于以后维护的设备；根据农村的不同特点选用不同的设备；平时多注意预防性的维护，防止设备瘫痪。开源上可以根据当地人的承受能力，根据所提供的服务的类型收取适当的垃圾处理费用；变卖回收的垃圾；针对家庭和商户建立不同的收费机制；对违规和欠款的以提起诉讼的方式获得应得的费用。

4.1.1.3 经验启示

A 完善的法律法规是垃圾管理的根本保障

发达国家在垃圾处理方面，普遍重视法律法规和技术标准体系建设，不但有原则性的国家层面法律的指导，还有可操作性的地方法规章程和技术指南。日本、德国、欧盟和美国等是法律体系颇有代表性的国家和地区。日本以《循环型社会形成推进基本法》为基本法，以《废弃物处理法》和《资源有效利用促进法》为综合性法律，指导各专项法的制定和实施；德国则以《循环经济与废弃物管理法》为基本法，制定了各种条例与指令，建立了包装废弃物的双轨制回收体系、生活垃圾收集和处理系统以及危险废物收集系统这三大废物处理系统；美国以污染预防为立法之本，制定了《污染预防法》，同时也为资源有效利用制定了《资源保护回收法》和《饮料容器回收法》等。

总体而言，这些国家的法律体系较为完善和完整，法律内容非常细致，对各部门的职能有明确规定，并强调废弃物回收的技术与工艺标准，还规定了严格的循环利用措施，以避免不合理措施可能导致的经济或环境后果。此外，生产者责任制和经济刺激手段也都在法律体系中得到体现，为实现法制化、市场化和经济手段的集成运用提供了保障。

B 源头分类是生活垃圾减量的关键

发达国家普遍重视垃圾分类收集，并制定了相应的规定。日本的农村和城市都能做到垃圾分类，垃圾分类也一样细致。例如爱知县碧南市将垃圾分为约 26 类，熊本县水俣市约 24 类，德岛县上胜町在日本国内以垃圾分类细致而著称，分类达到 34 类；美国城市或乡村都配备了各种分类收集垃圾箱，许多州政府出台了《家庭生活垃圾分类指导手册》，并制定了严格的管理措施来进行监督，对垃圾分类不到位的居民给予处罚。源头分类收集是这个体系的关键环节，为垃圾的堆肥处理、焚烧、卫生填埋等处理方式提供了便利和可能。

C 市场化运作是农村垃圾治理行业可持续发展的重要手段

高效的商业化运作模式让垃圾处理产业在发达国家不断完善和发展，企业是垃圾收集和处理的主体，政府提供必要的指导和扶持。这一模式减轻了政府的财政负担，促进了循环经济发展。比如，美国的垃圾处理公司以市场机制运行，有偿提供农村生活垃圾回收和处置服务，实现了政府加强社会管理和企业获得经济利益的双赢。企业在利润驱动下，积极推动绿色垃圾处理新技术的研发和应用。根据生活垃圾产量的不同，采取阶梯式的收费标准，有助于减少垃圾的产生。

我国政府也正在尝试采用新的商业模式来解决农村环境综合整治的问题。据统计，目前农村生活垃圾收运处理市场化运营模式主要有 BOT 模式、BT 模式及 EPC 模式。如山东省金乡环境综合整治 BOT 项目，由某专业环保公司承担了山东金乡下属 13 个县镇 6 座二期垃圾中转站，升级改造 13 座垃圾中转站及购置相关机械设备、清运车辆，并负责所有乡镇的日产日清。项目投资 3560 万元，全部由企业自筹，特许经营期限为 25 年。

D　加强宣传教育，激发村民自治是提升垃圾治理效率的利器

加强生活垃圾资源化和减量化教育是保障垃圾管理体系健康运转的重要手段。政府的责任在于引导和提供环境保护公共服务，居民良好的垃圾分类习惯的养成是不断教育和监督的结果，良好的社会氛围反过来也会影响每个人的行为。德国政府每年投入大量的资金用于村民的环保教育，一方面通过教育加强村民的环保意识；另一方面通过赋予利用废物生产的新产品以特殊的标志和荣誉的方式，鼓励人们使用此类产品。我国政府通过充分尊重村民的主体地位，并加强与村民的沟通，明确村民的义务，例如垃圾如何分类，征收保洁经费，做好门前屋后的清理等，可激发村民自治组织作用，提高垃圾治理效率。

4.1.2　国内管理现状

4.1.2.1　国家法律法规和相关政策文件

由于我国的社会结构属于城乡“二元制”，导致环境法制体系存在着明显的城乡垃圾处理差别。目前在生活垃圾污染环境防治方面制定的法律主要是关于城市生活垃圾的，比如《再生资源回收管理条例》《城市生活垃圾管理办法》等。关于农村生活垃圾污染防治方面的法规还处于空白，农村生活垃圾治理一直是我国环境治理薄弱的环节。虽然《中华人民共和国固体废物污染环境防治法》指出农村生活垃圾污染环境防治的具体办法由地方性法规规定，但仅仅是在原则性上对农村垃圾问题提出了规定，国家将农村生活垃圾污染防治工作的立法权下放到地方，其他具体涉及垃圾生产者的责任以及处罚，垃圾倾倒违法、处罚措施等问题尚没有完备的法律规定。另外，我国农村环境问题一直处于动态变化中，导致制定出来的法律法规本身就具有滞后性，因此国内在农村垃圾处理领域还没有

一系列完整的法律法规可以规制。

除了法律法规外，政策在生活垃圾管理方面也具有一定的引导作用。政策虽不如法律具有强制性，但其较为灵活，能在不适宜制定法律或法律还未制定出来的阶段发挥其作用。考虑到我国的国情，政策在处理农村环境问题时起着至关重要的特殊作用。随着农村经济水平的提高，近些年政府也开始高度关注着农村环境整治问题，相继出台了一系列文件和政策，引导农村生活垃圾污染整治工作的开展。

A 国家层面

宪法是我国的根本大法，其规定的内容对其他法律具有指导性的作用。宪法规定了国家要保护和改善环境，防治环境污染，这也是国家在环境保护方面的重要原则，也是农村生活垃圾的污染环境防治的主要依据。

《中华人民共和国环境保护法》是我国环境保护领域的基本法，主要规定了我国环境领域的基本原则和制度，对环境领域其他具体法律有指导作用。然而环境保护法中并没有直接规定农村生活垃圾污染环境防治方面的条款，其中仅提到了如“原因者负担原则”“预防原则”和“公众参与原则”，这些原则成为农村生活垃圾污染防治的部分依据。

a 农村环境综合整治阶段

自2006年以来，连续5个中央一号文件都强调农村环境整治问题，2010年中央一号文件明确提出“稳步推进农村环境综合整治”“搞好垃圾、污水处理，改善农村人居环境”。党的十七届三中全会也明确提出“开展垃圾集中处理，不断改善农村卫生条件和人居环境”。生活垃圾治理，作为农村环境综合整治的一个重要环节，受到国务院、各部委的高度重视。

2009年颁布的《中华人民共和国循环经济促进法》在第41条中提到，要求县级以上人民政府统筹规划建设城乡生活垃圾分类收集和资源化利用设施，进而提高资源利用率。但对于如何统筹规划，如何进行垃圾分类、回收并利用，并没有具体规定，这就导致在对农村生活垃圾管理时缺乏具体的可操作性的规定。

2010年环保部发布了《全国农村环境连片整治工作指南》，针对中央农村环保专项资金支持的农村环境连片整治示范省，对农村环境连片整治示范区选取、项目设计、实施方案编制、项目组织实施与监管、考核验收、设施运行维护以及环境成效评估等工作进行指导。

2013年12月，住房和城乡建设部印发了《2013年村庄整治规划编制办法》的通知要求，编制村庄整治规划应以改善村庄人居环境为主要目的，以保障村民基本生活条件、治理村庄环境、提升村庄风貌为主要任务。

2014年5月国务院办公厅出台《关于改善农村人居环境的指导意见》，目标

任务为：到2020年全国农村居民住房、饮水和出行等基本生活条件明显改善，人居环境实现干净、整洁、便捷。

b　农村生活垃圾专项治理推进阶段

自2014年11月住房和城乡建设部召开电话会议，全面启动农村生活垃圾5年专项治理以来，我国农村生活垃圾专项治理全面推进。2017年，在包括北京市门头沟区等的100个县（市、区）开展第一批农村生活垃圾分类和资源化利用示范工作。

2014年11月，住房和城乡建设部全面启动农村生活垃圾5年专项治理，农村生活垃圾治理目标为“使全国90%村庄的生活垃圾得到处理”，并于2015年将该指标列入“十三五”规划建议。同年12月26日，全国住房和城乡建设工作会议明确提出：全面启动村庄规划、深化农村生活垃圾治理。

2015年11月13日，住建部等十个部门联合出台《全面推进农村垃圾治理的指导意见》（建村〔2015〕170号），提出了农村垃圾治理五年行动目标：到2020年全面建成小康社会时，全国90%以上村庄的生活垃圾得到有效治理，实现“有齐全的设施设备、有成熟的治理技术、有稳定的保洁队伍、有长效的资金保障、有完善的监管制度”；农村畜禽粪便基本实现资源化利用，农作物秸秆综合利用率达到85%以上，农膜回收率达到80%以上；农村地区工业危险废物无害化利用处置率达到95%。

2016年12月22日，住建部发布了《住房城乡建设部关于推广金华市农村生活垃圾分类和资源化利用经验的通知》（建村函〔2016〕297号），要求各省（区、市）住房城乡建设或农村生活垃圾治理业务主管部门要认真学习借鉴金华经验，在本地区选择3个以上代表性县（市、区）开展农村生活垃圾分类和资源化利用示范，并组织编制实施方案，于2017年4月底前将县（区、市）名单及实施方案报住建部村镇建设司。住建部将择优确定并公布示范县（市、区）名单，并将组织专家进行现场指导和评估。

2017年6月6日，国家住建部下发通知，将在北京市门头沟区等100个县（市、区）开展第一批农村生活垃圾分类和资源化利用示范工作，开展示范的县（市、区）要在2017年确定符合本地实际的农村生活垃圾分类方法，并在半数以上乡镇进行全镇试点，两年内实现农村生活垃圾分类覆盖所有乡镇和80%以上的行政村，并在经费筹集、日常管理、宣传教育等方面建立长效机制。

B　地方层面

自住建部召开农村生活垃圾5年专项治理后，上海、广东、海南等省市纷纷出台政策进一步推进农村垃圾治理。

国家及地方农村生活垃圾管理政策法规见表4-1。

表 4-1 农村生活垃圾管理政策法规

序号	发布时间	政策法规	发布部门	级别
1	2014 年 4 月	《中华人民共和国环境保护法》	全国人民代表大会常务委员会	国家
2	2016 年 11 月	《中华人民共和国固体废物污染环境防治法》	全国人民代表大会常务委员会	国家
3	2015 年 4 月	《水污染防治行动计划》（水十条）	国务院	国家
4	2016 年 5 月	《土壤污染防治行动计划》（土十条）	国务院	国家
5	2002 年 12 月	《中华人民共和国农业法》	全国人民代表大会常务委员会	国家
6	2015 年 11 月	《关于全面推进农村垃圾治理的指导意见》	住建部等10 个部门	国家
7	2014 年 5 月	《关于改善农村人居环境的指导意见》	国务院	国家
8	2017 年 3 月	《生活垃圾分类制度实施方案》	国务院	国家
9	2007 年 5 月	《关于加强农村环境保护工作的意见》	环发〔2007〕77 号	国家
10	2010 年 2 月	《农村生活污染防治技术政策》	国家环保部	国家
11	2010 年 12 月	《全国农村环境连片整治工作指南》（试行）	环保部	国家
12	2013 年 7 月	《农村环境连片整治技术指南》（HJ 2031—2013）	环保部	国家
13	2013 年 7 月	《村镇生活污染防治最佳可行技术指南（试行）》（HJ—BAT—9）	环保部	国家
14	2017 年 6 月	《关于开展第一批农村生活垃圾分类和资源化利用示范工作的通知》	建办村函〔2017〕390 号	国家
15	2017 年 11 月	《甘肃省农村生活垃圾管理条例》	甘肃省人民代表大会常务委员会	地方
16	2015 年 3 月	《广东省城乡生活垃圾管理条例（草案）》	广东省人大常委会	地方
17	2017 年	《关于扎实推进农村生活垃圾分类处理工作的通知》	浙委办发〔2017〕68 号	地方
18	2014 年 6 月	《关于开展农村垃圾减量化资源化处理试点的通知》	浙江省	地方
19	2016 年	《浙江省农村生活垃圾减量化资源化主题设施规范建设要求》	浙村整建办〔2016〕36 号	地方

续表 4-1

序号	发布时间	政策法规	发布部门	级别
20	2017 年	《关于扎实推进农村生活垃圾分类处理工作的意见》	浙委办发〔2017〕68 号	地方
21	2006 年 3 月	《浙江省固体废弃物污染环境防治条例》	浙江省	地方
22	2015 年 3 月	《关于开展本市农村生活垃圾全面治理工作的实施意见》	上海市绿化和市容管理局	地方
23	2013 年 2 月	《关于进一步加强农村生活垃圾处理工作的意见》	湖北省住建厅	地方
24	2017 年 11 月	《襄阳市农村生活垃圾治理条例》	襄阳市人民代表大会常务委员会	地方
25	2018 年 4 月	《2018 年农村生活垃圾治理及示范工作实施方案》	河北省住房和城乡建设厅	地方
26	2017 年 11 月	《南京市农村生活垃圾分类实施方案（2017—2020 年）》	南京市城管局	地方
27	2017 年 11 月	《南京市农村生活垃圾分类指引（试行）》	南京市城管局	地方
28	2013 年	《湖北省农村生活垃圾清运处理工作导则（试行）》	湖北省	地方
29	2012 年 5 月	《关于全面推进我省农村生活垃圾管理工作的行动计划》	广东省人民政府办公厅	地方
30	2016 年 8 月	《云南省农村生活垃圾治理及公厕建设行动方案》	云南省政府办公厅	地方
31	2018 年 2 月	《宜春市农村生活垃圾分类收集处理工作实施方案》	宜春市环保局	地方
32	2017 年 8 月	《江西省农村生活垃圾分类收集处理试点工作实施方案》	赣建村〔2017〕43 号	地方
33	2018 年 4 月	《浙江省农村生活垃圾分类处理工作“三步走”实施方案》	浙江省“千村示范、万村整治”工作协调小组办公室	地方

国家或地方除了制定了一系列关于农村生活垃圾的治理条例、政策法规外，一些地方也制定了相应的垃圾管理工作的实施方案，明确了农村生活垃圾分类技术路径，对农村垃圾分类投放、分类收集、分类运输和分类处理过程进行了规定，指导农村垃圾分类容器配置和垃圾分拣、处理设施建设。各地的农村垃圾管理实施方案主要包括以下内容。

a　清理积存垃圾

积存垃圾主要存在于村庄（含城乡接合部的村庄）及周边积存垃圾，高速

铁路、高速公路和公路沿线积存垃圾，以及自然保护区、饮用水源地周边、旅游景区、风景名胜区等重点区域，需要对清理后的区域及时配套生活垃圾收集设施和绿化、硬化，防止出现反弹。村庄主要街道整洁干净、无杂物堆放，其他街道整洁、通畅，行动范围内无积存垃圾。积极引导农民对庭院、房前屋后杂物进行整治，绿化、美化环境。

b 明确分类种类，规范分类处理

各地主要根据末端处理方式决定前端分类。河北省《2018 年农村生活垃圾治理及示范工作实施方案》中明确规定，要根据农村生活垃圾特点，对清理出来的垃圾按照可回收垃圾、可堆肥垃圾、建筑垃圾和其他垃圾等进行分类处理。对可回收垃圾回收利用；对易降解的垃圾进行堆肥和沼气池处理后返田；对建筑垃圾进行定点集中堆放，采取回填路面方式进行再利用；对危险废物由有资质单位按规定单独收集、处置。

《南京市农村生活垃圾分类实施方案（2017—2020 年）》提出，农户将日常生活垃圾分为可烂垃圾（湿垃圾）和不可烂垃圾（干垃圾）两大类，每日投放到指定容器中。如果产生有害垃圾，应单独存放，再定期交给保洁员。可烂垃圾采取家庭自行处理、村或街镇集中处理相结合的方式，可以就近就便喂养禽畜，或集中堆肥；可回收物由农户或保洁员自行交售，或由垃圾分类收集分拣站统一交售给再生资源回收利用企业；有害垃圾集中存放在各区的储存分拣中心，统一送到环保部门许可的危险废物处理企业进行处理；其他垃圾由环卫专业单位转运至垃圾焚烧厂或填埋场处理。

c 因地制宜确定治理模式

各地实施方案中，要求根据村庄分布、经济条件等因素确定农村生活垃圾收运处理方式。

《云南省农村生活垃圾治理及公厕建设行动方案》要求优先利用城镇处理设施对农村生活垃圾进行收运处理，县城和乡镇现有处理设施容量不足的要及时改扩建。距离县城处理设施 20km 以内的农村生活垃圾，原则上纳入“村收集镇转运县处理”体系；距离县城处理设施 20km 以上、距离乡镇和片区处理设施 20km 以内的坝区农村生活垃圾，原则上纳入“组收集村（镇）转运镇（片区）处理”体系；边远村庄的农村生活垃圾，实行源头减量、就近就地处理，不具备处理条件的要妥善储存、定期外运处理。

根据《湖北省农村生活垃圾清运处理工作导则》（试行），对交通不便、地处偏远的村庄鼓励推行农家堆肥，或以村庄为单位，采取“户集中—村庄收集—村庄填埋”模式，此模式适用于至乡镇垃圾填埋场运距超过 15km 的偏远村庄。对人口较集中又距离县城较远的乡镇及乡镇周边的村庄，采取“户集中、村收集、乡（镇）处理”模式，此模式适用于至县城垃圾填埋场运距超过 20km 的乡镇、至乡镇垃圾填埋场不超过15km的村庄。对县城近郊及交通便利的周边乡镇，采取“户集中、村收集、乡（镇）转运、县处理”模式，此模式适用于至县城垃圾填埋场运距不超过20km的乡镇、村庄。如运输能力允许，可适当延伸县城垃圾处理范围，提高生活垃圾无害化处理水平。

d　加快设施设备建设

垃圾处理设施设备的建设可根据当地确定的治理模式、垃圾分类办法，对各类设施建设作出统筹安排，加快进行建设。有条件的市，统筹安排垃圾处理设施建设，覆盖部分或全部县（市、区）。采取县域为单元建设处理设施的，要覆盖县域所有农村地区。对开展垃圾分类的农村，需科学确定易腐烂垃圾减量化和资源化处理设施的工艺和规模，可以一村一建或多村合建。每个行政村至少要设置一处可回收物分类堆放处，每个自然村组要合理配置分类垃圾箱（桶）。各行政村要在进村出入口和聚集区周边建设生活垃圾分类宣传栏。

垃圾转运设施的建设参照《环境卫生设施设置标准》（CJJ 27—2012），现有垃圾处理厂覆盖范围内的乡镇，原则上每个乡镇建设一座转运站，未建成或不符合条件的，要抓紧进行建设或改造。按照垃圾处理需求，配齐收运车辆。

在技术方向选择方面，各地主要推广焚烧发电、水泥窑协同处置、资源化利用、热降解等无害化处理技术。现有不符合卫生条件的填埋场，要通过整治达到卫生填埋条件或进行关停。

e　巩固长效机制

农村垃圾治理需要进一步完善各项管理制度，使农村生活垃圾治理各项工作有章可依、有据可依。主要体现在以下几个方面：

一是健全监管体系，落实县、乡（镇）、村委会监管责任，保障治理机制的正常运转。要将垃圾分类投放、收集、处理工作纳入当地的农村生活垃圾专项治理工作考核，通过采取定期、不定期暗访督查和考核考评等形式，推动垃圾分类收集处理常态化。要对各乡镇的生活垃圾分类情况进行考核，考核结果向社会公布，并采取适当的奖惩措施鼓励先进，鞭策后进。建立考核工作台账，考核结果与以奖代补资金拨付、卫生保洁员和垃圾分拣员工资待遇相挂钩。

二是大力推进市场化。在垃圾分类收集处理取得一定工作经验以后，鼓励以县（市）为单位，采用政府购买服务、政府与社会资本合作（PPP模式）等形式，充分吸引社会力量参与生活垃圾分类收集、运输和处理。出台相关市场推广引导机制，严格执行生活垃圾处理税收优惠政策，培育和发展一批具有专业化、规模化的收运处一体化企业。对于从事“低值量大”可回收物回收再利用的企业，可以按照当地生活垃圾无害处理费用的标准予以补贴。

三是建立完善收费机制。按照“谁产生垃圾谁付费”的原则，结合当地经济发展水平、设施设备投入、收费对象承受能力等情况，在乡镇和村庄建立合理

的生活垃圾收运处理收费机制，引导村民和村集体承担必要的生活垃圾日常保洁费用。收运及保洁费用以乡镇按照“居民付费为主、政府补贴为辅”，村庄按照“村民和村集体付费为主、政府补贴为辅”的方式筹集垃圾收运处理设施运营维护资金。

f 开展非正规垃圾堆放点整治工作

农村生活垃圾、建设垃圾非正规堆放点较多，近年来成为环境综合整治的重中之重。要根据非正规垃圾堆放点排查情况，坚持分类整治、分类施策，全面启动整治工作。禁止将城市生活垃圾、建筑垃圾、医疗废弃物等向指定场所以外的农村转移、倾倒或者填埋，防止在村庄周边形成新的垃圾污染。

g 加强保洁队伍建设

保洁队伍建设是加强垃圾分类收运处置的重要环节，地方农村垃圾治理实施方案中对保洁员队伍建设提出了具体要求。

《江西农村生活垃圾分类收集处理试点工作实施方案》指出，要根据生活垃圾分类投放、收集、运输、处理的工作方式，要按常住人口每千人 3 名的标准配齐保洁员，兼任可回收物分拣和易腐烂垃圾运输工作。可回收垃圾由农村保洁员从自然村（组）托运至行政村的可回收生活垃圾分类堆放处，易腐烂垃圾清运至生活垃圾减量化和资源化处理设施。可回收废旧物品收购款可作为农村保洁员的劳务费补贴。

《湖北省农村生活垃圾清运处理工作导则》（试行）规定，各县（市、区）结合本地区农村人口数、自然村落数、村容环境巡查面积和财力保障等因素，提出本地区农村环境卫生保洁队伍规模，原则上每个行政村配备 1~2 名保洁人员（500 人以下的村庄配 1 名）。农村保洁员一般选择本村的群众担任，由村采取公开招聘，“公开、公正、公平”的方式产生，同等条件下，优先考虑思想素质好、责任心强、身体健康的退任干部、农村困难党员和困难群众。村保洁员实行聘任制，采取动态管理办法。保洁员负责归集并填埋村组生活垃圾或运输至转运点；负责农村垃圾容器（间、房）、公共厕所的保洁管理；负责农村道路、桥梁、绿带、公共活动场所等公共区域的清扫保洁；负责村容环境的日常巡查。

4.1.2.2 财政和税收政策

目前国内在农村生活垃圾的财政及税收等方面，并未有相应完善的政策，仅有少数政策涉及处理费用和补偿制度。

A 国家层面

为稳步推进中国农村和农村环境综合整治工作，国务院于 2008 年 7 月 24 日召开首次全国农村环境保护工作电视电话会议，提出“以奖促治”并下发正式文件（国办发〔2009〕11 号）。进一步落实国务院“以奖促治”和“以奖代补”

政策，从技术和装备等科技方面支撑国家投资120亿元开展的连片治理工程（2010—2012年），农村生活垃圾污染控制重大科技工程是提升“以奖促治”和农村连片治理科技水平的民生工程。

其他国家层面生活垃圾相关的财税政策如下：

2008年1月1日实施的《中华人民共和国企业所得税法实施条例》规定，政府对国家重点公共设施项目实行“三免三减半”的税收优惠。即企业从事国家规定的符合条件的公共污水处理、公共垃圾处理、沼气综合开发利用、节能技术改造等环境保护、节能节水项目的所得，自项目取得第一笔生产经营收入所属纳税年度起，第1年至第3年免征企业所得税，第4年至第6年减半征收企业所得税。上述规定享受减免税优惠的项目，在减免税期限内转让的，受让方自受让之日起，可以在剩余期限内享受规定的减免税优惠；减免税期限届满后转让的，受让方不得就该项目重复享受减免税优惠。

《中华人民共和国企业所得税法实施条例》第100条规定：城镇污水处理项目和城镇垃圾处理项目购置并实际使用《环境保护专用设备企业所得税优惠目录》《节能节水专用设备企业所得税优惠目录》和《安全生产专用设备企业所得税优惠目录》规定的环境保护、节能节水、安全生产等专用设备的，该专用设备的投资额的10%可以从企业当年的应纳税额中抵免；当年不足抵免的，可以在以后5个纳税年度结转抵免。

《国家税务总局关于资源综合利用企业所得税优惠管理问题的通知》（国税函〔2009〕185号）规定，符合条件的资源综合利用企业，自2008年1月1日起以《资源综合利用企业所得税优惠目录（2008年版）》规定的资源作为主要原材料，生产国家非限制和非禁止并符合国家及行业相关标准的产品取得的收入，减按90%计入企业当年收入总额。购置并实际使用垃圾处理专用设备的，其投资额的10%可以从应纳税额中抵免。

2012年3月28日，国家发改委发布了《关于完善垃圾焚烧发电价格政策的通知》（发改价格〔2012〕801号），相关内容主要有两方面：一是进一步规范了垃圾焚烧发电价格政策，以生活垃圾为原料的垃圾焚烧发电项目，均先按其入厂垃圾处理量折算成上网电量进行结算，每吨生活垃圾折算上网电量暂定为280kW·h，并执行全国统一垃圾发电标杆电价1kW·h 0.65元（含税，下同）；其余上网电量执行当地同类燃煤发电机组上网电价。二是完善了垃圾焚烧发电费用分摊制度，垃圾焚烧发电上网电价高出当地脱硫燃煤机组标杆上网电价的部分实行两级分摊。其中，当地省级电网负担每1kW·h 0.1元，电网企业由此增加的购电成本通过销售电价予以疏导；其余部分纳入全国征收的可再生能源电价附加解决。

2015年，财政部、国家税务总局发布《资源综合利用产品和劳务增值税优

惠目录》（财税〔2015〕78号），扩大了再生资源行业享受增值税优惠政策的范围，并按不同品种实行不同比例的增值税即征即退政策。从现行政策来看，生活垃圾处理劳务收入退税70%，再生资源回收环节仍然不享受增值税优惠政策，加工环节实行增值税有条件即征即退，优惠比例从30%~70%不等。

垃圾收费制度在我国尚没有普遍推行，国民的接受程度也较低。垃圾收费制度在美国和日本等国是实行的很成熟的一项环保制度，国民对垃圾收费制度接受上较为普遍。通过实行垃圾收费制度，居民生活垃圾产生数量显著下降，由此可以看到垃圾收费制度的效果。

B　地方层面

2006年浙江省出台了《浙江省固体废物污染环境防治条例》，该条例第20条规定了污染者付费原则，但是这仅仅是处置垃圾的费用，并未涉及惩罚措施，也没有制定关于垃圾处理费用缴纳等详细措施。

2010年4月，长沙市环保局和长沙市财政局联合下发了《关于明确长沙市农村环保先进乡镇“以奖代补”相关规定的通知》，其中指出，达到了资金补助条件的农村固体垃圾无害化处置建设与运行项目，市级将根据乡镇人口规模的大小，对农村垃圾设施建设一次性投入进行资金补助，分别是：人口规模在2万人以下的乡镇，补助30万元；2万~3万人的乡镇，补助35万元；3万~4万人的乡镇，补助40万元；4万~5万人的乡镇，补助45万元；5万人以上的乡镇，补助50万元。而垃圾处置长年运行资金的补助标准，将以村为单位，每年给予1.2万元的补助资金。

2015年广东省财政安排专项资金补纳入农村生活垃圾处理设施建设专项资金补助范围的70个欠发达县（市、区），其中，12000万元以各县（市、区）“一县一场”设施的垃圾处理量为因素进行分配；24000万元以农村保洁员队伍配备情况、农村生活垃圾费分类处置情况、农村生活垃圾统筹收运处理模式完成情况等为因素进行分配。

其他地区针对农村环境保护也出台了一些相关规定。总体而言，国外农村生活垃圾在管理过程中具有完善的法律法规，具有很强的约束性和保障性，而我国在法律法规的建设上较为薄弱，许多已经建立的法规文件在农村还未引起村民的关心，加上政策缺乏可操作性，往往不能得到有效的贯彻和落实。后续国家和地方政府在建设农村生活垃圾管理政策中，除了进一步完善相关的法律法规外，还需补充关于农村生活垃圾在技术、财政和税收等方面的政策，通过更加全面的法律政策体系引导农村科学地做好垃圾处理工作，促进农村居民积极参与垃圾分类、垃圾处理、资源回收利用、保护环境等活动，全面改善我国农村居民的生活环境，提高居民的生活品质，保障农村环境整洁，提升村庄风貌。

4.2 标准规范

4.2.1 国外标准规范

4.2.1.1 美国

美国《资源保护与回收法案》中规定，政府必须制定废弃物填埋场的设计标准以及填埋场附近的土壤、地下水和空气质量检测标准；并对焚烧、肥化、稳定化和固定化等固定废弃物处理技术，也必须制定相应的标准保证其安全性。

美国也对垃圾收集、收运、处理等方面的容器、系统等制定了详细的规定，具体见表4-2。

表4-2 美国生活垃圾管理标准规范

序号	标准/规范	标准/规范（译文）
1	Household trash conpcactors（UL1086—1996）	家用垃圾压实器
2	Thermoplastic refuse containers（ANSI/NSF21—1996）	热塑性堵料垃圾容器
3	Refuse Compactors and Compactor Systems（ANSI/NSF13—2001）	垃圾压实器和压实系统
4	Refuse processors and processing systems（ANSI/NSF13（i2—2005））	垃圾处理机和处理系统
5	Standard for safety for household trash compactors（ANSI/UL1086—2005）	家用垃圾压实器的安全标准
6	Refuse collection, processing, and disposal equipment-mobile refuse collection and compaction equipment-safety requirments（ANSI Z245. 1—1999）	垃圾的收集、处理和处置设备，移动式垃圾收集和压实设备，安全要求
7	Refuse collection, processing, and disposal equipment-waste containers-safety requirments（ANSI Z245. 30—1999）	垃圾的收集、处理和处置设备，垃圾箱，安全要求
8	Refuse collection, processing, and disposal equipment-waste containers-compatibility dimensions（ANSI Z245. 60—1999）	垃圾的收集、处理和处置设备，垃圾箱，兼容尺寸
9	Standard guide for evaluation and selection of alternative daily covers（ADCs）for sanitary landfills（ASTM D6523—2000）	垃圾堆积场的代用日掩盖物的评价和选定的标准指南

4.2.1.2 德国

德国在农村垃圾管理过程中，对垃圾处理技术等级做了严格的规定，要求垃圾在处理时按照优先顺序：（1）源头削减；（2）回收利用（包括堆肥）；（3）焚烧，能量回收；（4）最终填埋处理。

1992 年德国政府颁布了垃圾处理技术标准（TA-Siedlungsabfall）。该标准规定自 2005 年 6 月 1 日起，德国禁止填埋未经焚烧或机械、生物预处理的生活垃圾。并且德国的法规对卫生填埋技术做了相应的规定：一般采用双重底部防渗（即复合防渗），由一层 75cm 厚的矿物黏土层（渗透系数 $\leqslant 10^{-9}$ m/s）和铺在上面的塑料层构成。被收集的垃圾渗沥液，一般先经过生物处理，再经过反渗透处理，才能排入水体。填埋气（即沼气）必须收集，可将其作为燃气机或燃气涡轮机的燃料，用来发电或供暖。填埋场关闭后，要对其表面进行封场处理。

德国在垃圾收集、收运、处理等方面的容器、车辆规格、尺寸等方面也制定了详细的规定，具体见表 4-3。

表 4-3　德国生活垃圾管理标准规范

序号	标准/规范	标准/规范（译文）
1	Garbage containers; garbage containers for special wastes; with a capacity 800L for solid special wastes（DIN 30741-1—1992）	垃圾箱，特殊固体垃圾用容积为 800L 的垃圾箱
2	Garbage containers; garbage containers for special wastes; with a capacity 1000L for liquid special wastes（DIN 30741-2—1992）	垃圾箱，专用废物垃圾箱，液体特殊废料用容积为 1000L 的垃圾箱
3	Waste disposal engineering-Loading aid for the storage and transportation of waste containers for special wastes（DIN 30743—1995）	废弃物处理工程，专用垃圾箱的存放和运输用装载辅助装置
4	Waste disposal engineering-waste containers for liquid and solid special waste-Part1: containers with a capacity from 60L to 240L made for metal material（DIN 30742-1—1995）	废弃物处理工程，液体和固体的专用垃圾箱，第一部分：金属材料制容积为 60~240L 的垃圾箱
5	Mobile waste packer-Multi-bucket system vehicles and roller contact tipper vehicles; requirement, connection dimensions（DIN 30730—1995）	移动式垃圾压装机，拆卸式翻斗车和滚动翻斗车，要求、连接尺寸
6	Earth-moving machinery -safety-part11: requirements foe earth and landfill compactors; German version EN 474-11: 1998（DIN EN 474-11—1998）	土方机械，安全性，第 11 部分，垃圾压缩机要求
7	Refuse collection vehicles-interface conditions for rear-end loaded refuse collection vehicles（DIN 30731—2001）	垃圾收集车，后倾翻到装置接口条件
8	Mobile waste containers-Waste containers with two wheels with a capacity from 80L to 360L for diamond lifting devices（DIN 30760—2001）	移动式垃圾箱，带金刚石提升设备的 80~360L 双轮垃圾箱
9	Container storage shell for waste containers with a capacity from 500L to 1300L（DIN 30719—2002）	容积 500~1300L 的垃圾箱外罩

续表 4-3

序号	标准/规范	标准/规范（译文）
10	Container storage shell for waste containers with a capacity to 390L（DIN 30736—2002）	容积 390L 的垃圾箱外罩
11	Selective waste collection containers-above-ground mechanically-lifted containers with capacities for 80L to 5000L for selective collection of waste; German version EN 13071: 2002（DIN EN 13071—2002）	分类垃圾收集箱，分类垃圾收集用容积为 80~5000L 地面的机械式升降垃圾箱
12	Waste containers-Mobile discharge system containers with hinged lid with capacities 2. $5m^3$ and $5m^3$ for lifting devices with lid opener device（DIN 30737—2003）	垃圾箱，带开盖设备和提升装置容积为 2. $5m^3$ 和 $5m^3$ 的活动倾倒垃圾箱
13	Footboards and their fixation at refuse collection vehicles（DIN 30733—2005）	垃圾收集车用踏板及其固定
14	Refuse collection vehicles and their associated lifting devices-General requirement and safety requirements-Part 1: Rear-end loaded refuse collection vehicles（DIN EN 1501—2004）	垃圾收集车及其相关提升装置，一般要求和安全要求，第一部分：尾部装载垃圾收集车
15	Refuse vehicles; prohibition plates and indicating labels（DIN 30727—1987）	垃圾收集汽车，禁令牌和指示标签

4.2.1.3 英国

英国针对农村的垃圾处理技术与城市基本相同。其在垃圾箱和垃圾车的制作方面也制定了较为详细的规范（表 4-4）。

表 4-4 英国生活垃圾管理标准规范

序号	标准/规范	标准/规范（译文）
1	Specification for aluminium refuse storage containers（BS 3495—1972）	铝垃圾箱规范
2	Specification for mild steel dustbins（BS 792—1973）	低碳钢垃圾箱规范
3	Specification for mild steel refuse storage containers（BS 1136—1972）	低碳钢垃圾箱规范
4	Specification for disposable plastics refuse sacks made from polyethylene（BS 6642—1985）	一次使用聚乙烯塑料垃圾袋规范
5	Refuse collection vehicles and their associated lifting devices-General requirement and safety requirements-Rear-end loaded refuse collection vehicles（BS EN 1501-1—1998）	垃圾收集车及其相关提升装置，一般要求和安全性要求，后部装载的垃圾收集车
6	Refuse chutes and hoppers-Specification	垃圾道和垃圾斗规范

4.2.2 国内标准规范

4.2.2.1 国家标准、行业标准、地方标准

目前中国制定的生活垃圾技术标准几乎都是针对城市生活垃圾，并不完全适用于农村生活垃圾的管理。尽管国家和地方在农村生活环境和垃圾处理方面也制定了一些标准和规范，从现有执行效果来看，这些规范在农村垃圾治理过程中并不完善且可操作性较差。例如2008年国家住建部发布了《村庄整治技术规范》，对农村垃圾收集与处理、粪便处理等方面制定了规范，规范中指出垃圾分类收集是实现垃圾资源化的最有效途径；规定农村地区易腐垃圾就地处理，塑料等不易腐烂的包装物等集中处理；生活垃圾中不得混入有毒有害的垃圾，必须单独收运；垃圾收运设施必须防雨、防渗、防漏，避免污染环境。2010年国家环保部颁布了《农村生活污染控制技术规范》，制订了农村分类、农村生活污水污染控制、农村生活垃圾污染控制、农村空气污染控制以及农村生活污染监督管理措施，规范规定农村生活垃圾应当按照“减量化、资源化、无害化”的原则分类收集，有机垃圾进入户用沼气池或堆肥利用，无机垃圾填埋或进入周边城镇垃圾处理系统；规范也对农村垃圾处理工艺进行了规定，对填埋和就地处理给出了具体建设要求。

2016年6月安徽省发布了《美丽乡村生活垃圾集中处理规范》，该标准规范了安徽省生活垃圾集中处理的术语、定义、基本要求、垃圾处理规划布局、垃圾分类、垃圾收运以及垃圾处理。在垃圾运输和垃圾处理方面做出了详细的规定，垃圾运输方面包括废物箱的设置位置、垃圾收集方式、垃圾转运过程的车辆设备和转运站相关的规定；垃圾处理方面提出不同地区应根据实际情况选择处理模式，但严禁堆放在河流、池塘堤坝或直接倾倒在沟塘洼地内，严禁集中露天堆放或者简易填埋，严禁露天焚烧，严禁将生活垃圾用于道路路基和房屋基础建设的回填用土；针对集中处理方式规定了填埋、焚烧、堆肥、沼气发酵等技术的适用范围和建设要求。

在2018年2月8日，浙江省地方标准《农村生活垃圾分类管理规范》正式发布，这是中国首个以农村生活垃圾分类处理为主要内容的省级地方标准。该管理规范对分类要求进行了统一，将农村生活垃圾分为易腐垃圾、可回收物、有害垃圾和其他垃圾四类，并首次将农民家庭以外的生活垃圾做出了界定，将乡村酒店、农家乐、餐饮店、农贸市场等农村公共场所产生的餐厨垃圾和有机垃圾管理起来，归入易腐垃圾。该管理规范不仅对农村生活垃圾做出了界定，而且对农村生活垃圾分类基本要求、设施配套要求、易腐垃圾处理管理要求和长效管理等内容做出了详细的指导。这一地方规范对农村垃圾管理提出了较为完善和系统的指导，开辟了农村垃圾管理的新征程。

目前国内现有的国家和地方关于农村生活垃圾管理的标准中，均涉及农村垃圾收运和处理方式，并对处理方式作出了详细规定，强调农村生活垃圾要做到资源化和无害化处理。

4.2.2.2 设施设置、收运处置以及污染控制标准

国家和地方对农村生活垃圾处理处置过程也制定了一些标准，规定了农村生活垃圾分类处理的总体要求、生活垃圾源头分类收集、生活垃圾分类处理、分类容器和长效管理的要求。具体见表4-5。总体来说，国家对农村地区在设施设置、收运、处置和污染控制方面建立的标准如下。

表 4-5 我国农村生活垃圾管理标准规范

序号	时间	政策文件	发布部门	级别
1	1984 年 5 月	《农用污泥中污染物控制标准》(GB 4284—1984)	生态环境部	国家
2	1993 年 7 月	《恶臭污染物排放标准》(GB 14554—1993)	生态环境部	国家
3	2008 年 4 月	《生活垃圾填埋场污染控制标准》(GB 16889—2008)	生态环境部	国家
4	2010 年 7 月	《农村生活污染控制技术规范》(HJ 574—2010)	生态环境部	国家
5	2010 年 2 月	《农村生活污染防治技术政策》(环发〔2010〕20 号)	生态环境部	国家
6	2010 年 4 月	《生活垃圾处理技术指南》(建城〔2010〕61 号)	生态环境部	国家
7	2010 年 7 月	《农村生活污染控制技术规范》(HJ 574—2010)	生态环境部	国家
8	2013 年 9 月	《固体废物处理处置工程技术导则》(HJ 2035—2013)	生态环境部	国家
9	2014 年 5 月	《生活垃圾焚烧污染控制标准》(GB 18485—2014)	生态环境部	国家
10	2008 年 3 月	《村庄整治技术规范》(GB 50445—2008)	住建部	国家
11	2009 年	《生活垃圾焚烧处理工程技术规范》(CJJ 90—2009)	住建部	国家
12	2010 年 12 月	《小城镇生活垃圾处理工程建设标准》(建标 149—2010)	住建部	国家
13	2011 年 9 月	《生活垃圾收集站建设标准》(建标 154—2011)	住建部	国家

续表 4-5

序号	时间	政策文件	发布部门	级别
14	2012 年 5 月	《生活垃圾收集站技术规程》(CJJ 179—2012)	住建部	国家
15	2012 年 12 月	《环境卫生设施设置标准》(CJJ 27—2012)	住建部	国家
16	2013 年 8 月	《生活垃圾卫生填埋处理技术规范》(GB 50869—2013)	住建部	国家
17	2014 年 12 月	《生活垃圾堆肥处理技术规范》(CJJ 52—2014)	住建部	国家
18	2016 年	《农村生活垃圾处理技术规程》(征求意见稿)	住建部	国家
19	2013 年	《农村沼气集中供气工程技术规范》(NY/T 2371)	农业部	国家
20	2014 年 6 月	《农村户用沼气发酵工艺规程》(NY/T 90)	农业部	国家
21	2018 年 1 月	《农村生活垃圾分类处理规范》(DB33/T 2091—2018)	浙江省质量技术监督局	地方
22	2018 年 2 月	《农村生活垃圾分类处理规范》(DB33/T 2030—2018)	浙江省农业和农村工作办公室	地方
23	2015 年	《农村生活垃圾分类处理规范》(DB330523/T 002—2015)	安吉县城市管理行政执法局	地方
24	2016 年 6 月	《美丽乡村　生活垃圾集中处理规范》(DB34/T 2636—2016)	安徽省	地方
25	2016 年 4 月	《农村(村庄)生活垃圾收运设施管理与维护规范》(DB32/T 2932—2016)	江苏省质量技术监督局	地方
26	2011 年 9 月	《农村生活垃圾处理技术规范》(DB64/T 701—2011)	宁夏回族自治区环境保护厅	地方
27	2013 年 9 月	《农村生活垃圾处理设施运行操作规范》(DB64/T 867—2013)	宁夏环保厅	地方
28	2014 年 4 月	《农村生活垃圾分类与静态发酵处理》(DB12/T 511—2014)	天津市质量技术监督局	地方
29	2018 年	《农村生活垃圾处理技术标准》(公示)	吉林省住房和城乡建设厅、吉林省质量 29 技术监督局	地方

A　设施设置标准

《农村生活污染控制技术规范》(HJ 574—2010)规定，农村地区一般不适宜建设卫生填埋场，如若需要建设，其选址、建设、填埋作业、管理和监测必须依照GB 16889，但依据农村经济水平，填埋场的防渗建设标准可以为：填埋场底部黏性土层厚度不小于2m、边坡黏性土层厚度大于0.5m，且黏性土渗透系数不大于1.0×10^{-5}cm/s。填埋场可选用自然防渗方式。不具备自然防渗条件的填埋场宜采用人工防渗。在库底和3m以下（垂直距离）边坡设置防渗层，采用厚度不小于1mm高密度聚乙烯土工膜、6mm膨润土衬垫或不小于2m厚黏性土（边坡不小于0.5m）作为防渗层，膜上下铺设的土质保护层厚度不应小于0.3m。库底膜上隔层土工布不应大于200g/m^2，边坡隔离层土工布不应大于300g/m^2。对于堆肥处理，该规范规定农村宜选用规模小、机械化程度低、投资及运行费用低的简易高温堆肥技术，其中垃圾中有机质含量≥40%，堆体内物料温度在55℃以上保持5~7d；堆肥过程中的残留物应于农田回用。对于经济发达的农村可建设机械通风静态堆肥场，较发达和欠发达型农村可以建设自然通风静态堆肥场。《村庄整治技术规范》（GB 50445—2008）规定人口密度较高的区域，垃圾处理设施应在县域范围内统一规划建设，宜推行村庄收集、乡镇集中运输、县域内定点集中处理的方式。

农村生活垃圾处理设施建设除了遵循针对农村设定的相关标准规范外，还应遵循国家制定的生活垃圾处理设计建设规范，如《生活垃圾转运站技术规范》（CJJ-T 47—2016）、《生活垃圾转运站运行维护技术规程》（CJJ 109—2006）、《环境卫生设施设置标准》（CJJ 27—2012）等。

B　收运标准

《农村生活污染控制技术规范》（HJ 574—2010）规定，执行“户分类、村收集、镇转运、县市处理”的垃圾收集运输处理模式的农村，合理设置转运站和服务半径。用人力收集车收集垃圾的小型转运站，服务半径不宜超过1.0km；用小型机动车收集垃圾的小型转运站点，服务半径不宜超过3.0km。垃圾运输距离不应超过20km。《村庄整治技术规范》（GB 50445—2008）规定每个村庄应不少于一个垃圾收集点，每周收集1~2次。

C　处置标准

《农村生活污染控制技术规范》（HJ 574—2010）规定，有机垃圾进入户用沼气池或堆肥利用；剩余无机垃圾填埋或进入周边城镇垃圾处理系统；循环利用垃圾（纸类、金属、玻璃、塑料等）应回收利用；有害、危险废弃物按照相关标准执行。《村庄整治技术规范》（GB 50445—2008）规定农村生活垃圾适宜就地分类回收利用，以减少集中处理垃圾量。针对不同垃圾处理方式不同，如废纸、废金属等废品类垃圾可定期出售；可生物降解的有机垃圾单独收集后应就地处理，可结合粪便、污泥及秸秆等农业废弃物进行资源化处理，包括家庭堆肥处理、村庄堆肥处理和利用沼气工程厌氧消化处理；砖、瓦、石块、渣土等无机垃

圾宜作为建筑材料进行回收利用；未能回收利用的可在土地整理时回填使用；其他暂时不能纳入集中处理的垃圾，可采用填埋处理，但要符合相关规定。

D 污染控制标准

《农村生活污染控制技术规范》（HJ 574—2010）规定，农村生活垃圾收集容器（垃圾箱、垃圾槽）应做到密封盒防渗漏，取消露天垃圾槽。《村庄整治技术规范》（GB 50445—2008）规定，在蝇、蚊滋生季节，需要定时喷洒消毒及灭蚊蝇药物。

随着农村经济的发展，尤其是经济发达地区的农村，其垃圾管理方式趋向与城市一致，建立卫生填埋场和焚烧设施，所以处理设施均按照相关标准执行。例如浙江省 2018 年颁布的《农村生活垃圾分类处理规范》（DB33/T 2030—2018）。

对城市而言，国家 2007 年颁布了《城市生活垃圾管理办法》（以下简称《办法》），对城市生活垃圾的清扫、收集、运输、处置等相关管理活动提出了规定。《办法》也提出对单位和个人收取垃圾处理费。《办法》规定城市生活垃圾应当在城市生活垃圾转运站、处理厂（场）处置，任何单位和个人不得任意处置城市生活垃圾。城市生活垃圾在收集、运输、清扫等方面的管理均比农村严格，各类垃圾必须分类投放、收集和运输，大件垃圾应当按照规定时间投放在指定的收集场所。《办法》也对从事城市生活垃圾经营性的企业提出了相关要求，并对所有不符合办法规定的操作制定法律责任。

农村地区与城市生活垃圾管理标准相比较，农村垃圾的管理总体标准主要参照城市管理办法制定，但具体设施设置标准依据农村经济条件和实际情况做调整。经济相对发达的农村整体标准参照城市；经济相对落后的农村在垃圾处置时异于城市，有机垃圾优先选择就地堆肥，其肥料用于农田使用，能循环再利用的垃圾尽量资源化处理，其他不能处理的垃圾再填埋或运输至城市垃圾处理设施处理。

4.3 农村生活垃圾治理监管体系

4.3.1 农村生活垃圾治理监管体系建设现状

近年来，随着国家和地方对农村生活垃圾治理工作的开展，各级政府也陆续对农村生活垃圾的治理成效提出了监管考核办法。2015 年，国家住房和城乡建设部、中央农办、中央文明办、发展改革委、财政部、环境保护部、农业部、商务部、全国爱卫办、全国妇联联合发布《农村生活垃圾治理验收办法》（建村〔2015〕195 号），从验收内容、验收标准、验收程序等方面对市、县农村生活垃圾的治理提出了相关验收办法和考核体系。

2016 年 10 月陕西省十部门出台《农村生活垃圾治理考核验收办法》，对每个考核验收市、县（区）分东南西北随机抽样 1/3 以上乡镇，每个乡镇随机抽查

10%的行政村，抽检在通过材料初验后不定期进行两次暗访，依据“五有”标准进行综合评审。

2016 年 11 月湖南省住房和城乡建设厅发布了《湖南省农村生活垃圾治理考核验收办法》，通过省农村垃圾治理工作联席会议办公室组织 9 部门或者委托第三方机构对农村生活垃圾治理考核验收。

2016 年湖北省孝感市农村生活垃圾治理领导小组制定了《孝感市农村生活垃圾治理验收管理试行办法》。

2017 年 3 月，文昌市人民政府办公室发布了《文昌市迎接国家农村生活垃圾治理考核验收工作方案》，以全面巩固、提升农村生活垃圾治理成果，建立健全“户分类、村收集、镇转运、市处理”模式；实行农户“门前三包”责任制、建立村庄保洁制度；推行垃圾源头减量，全面治理生活垃圾，推进农业生产废弃物资源化利用，规范处置农村工业固体废物，清理陈年垃圾；按照“五有”（有设施设备、有治理技术、有保洁队伍、有监管制度、有资金保障）标准，开展“横到边、纵到底、全覆盖”的乡村保洁工作。

总体而言，尽管国家和地方开始对农村垃圾治理情况提出了考核，但目前我国在农村生活垃圾管理方面的监管体系制度并不健全，缺乏相关的法律法规以及监督监管机构，一旦垃圾管理过程中相关的政府工作人员和管理人员发生不合理行为，没有一套章程进行约束管理。因此，在农村垃圾强化监督管理方面，应当将农村环境综合整治目标完成情况纳入对乡镇政府主要领导考核内容，考核结果应当向社会公开。

4.3.2 农村生活垃圾治理监管办法

4.3.2.1 农村生活垃圾治理监管办法

国家《农村生活垃圾治理验收办法》（建村〔2015〕195 号）对农村生活垃圾治理的成效提出了具体的验收内容和标准。具体如下：（1）完善的设施设备。各县（市、区）农村生活垃圾治理及再生资源的收集、转运、处理设施基本完备，数量基本符合要求，运行基本正常，90%以上的行政村生活垃圾得到了收集、转运和处理。根据省、区、市农村生活垃圾收集、转运、处理设施的建设情况数据和全国农村人居环境信息系统进行评价。（2）成熟的治理技术。已建立符合农村实际的收集、转运和处理技术模式。处理工艺不存在严重的二次污染，基本无露天焚烧和无防渗措施的堆埋。根据省（区、市）农村生活垃圾收集、转运、处理设施的运行情况和全国农村人居环境信息系统进行评价。（3）稳定的保洁队伍。普遍建立村庄保洁制度，村庄保洁人员数量基本满足要求，队伍较为稳定。根据省、市、县人民政府或有关部门出台的文件进行评价。（4）完善的监督制度。省、市、县三级已建立领导亲自抓、多部门参与、目标明确、责任

清晰的组织领导体系和考核机制；各级政府或相关部门制定了相关规划或实施方案；农民群众对农村生活垃圾治理的满意率达90%以上。根据省、市、县人民政府或有关部门出台的文件、第三方开展的群众满意度调查结果进行评价。(5) 长效的资金保障。建立省级农村生活垃圾治理经费保障机制。因地制宜通过财政补助、社会帮扶、村镇自筹、村民适当缴费等方式筹集运行维护资金。在农村生活垃圾处理价格、收费未到位的情况下，地方政府安排经费支出，确保长效运行维护。根据省级、县级人民政府或有关部门出台的文件进行评价。

《农村生活垃圾治理验收办法》（建村〔2015〕195号）也对农村垃圾治理验收程序制定了详细流程。首先是省级申请，省级内通过自检达到验收条件后再向住房和城乡建设部提出验收申请。其次是材料审查，10部门依据自己掌握的数据情况对提交申请验收的省（区、市）进行材料审查。通过材料审查的省（区、市）进入现场核查环节，10部门对行政村进行随机抽样核查，判定是否合格。最后10部门成立评审组，依据“五有”标准对材料审查和现场审核的省（区、市）进行综合评审，得出是否通过审定的结论。该验收办法还规定，对已通过验收的省（区、市），10部门将组织不定期明察暗访，如发现明显的反弹现象，将给予通报批评，情节非常严重不再符合“五有”标准的，将从通过的验收名单中予以除名，验收通过不是“终身制”。

全国各地方也纷纷制定了农村垃圾治理工作考评办法，总体原则和内容与国家《农村生活垃圾治理验收办法》一致，但部分农村也依据地方特点制定了具体的评分细则，包括县级、乡镇、村庄不同等级的工作推进落实情况考评表，主要内容包括组织管理、设施配套、环境治理、基础设施，每一项内容均列出了详细的打分细则。

4.3.2.2 农村生活垃圾“五有”标准实施意见

A 完善的设施设备

按照《环境卫生设施设置标准》（CJJ 27—2012）的要求配置农村生活垃圾分类收集设施，以乡（镇）为单位统一规划和建设，原则上每个乡（镇）都要建设垃圾转运站、垃圾填埋场，周边村庄可共建共享。逐步改造、停用露天垃圾池等敞开式垃圾收集设施，引导村民自备垃圾分类收集容器，按照“一户一个垃圾桶，一组一个垃圾收储设施，每个乡镇有必要的垃圾收运车辆”的最低标准配备垃圾收运设施设备。垃圾收运车辆根据乡镇和村庄数量、人口规模、运输距离、路况等因地制宜确定，各乡（镇）按所编制的生活垃圾收运实施方案配置垃圾车，垃圾车原则上由乡（镇）统一调配使用，做到大小搭配、比例适宜，对交通不便或边远村庄可配置电动（人力）垃圾清运车。普及密闭运输车，有条件的要配置压缩式运输车，做到90%以上的行政村生活垃圾得到收集、转运和

处理。具体实施意见如下：

（1）收集点的配置。村庄垃圾收集点应设置在村内交通较好地段、市政设施较完善、方便收集车辆定期收集的地点，其标志应清晰、规范、便于识别，且垃圾投放点安放有垃圾收集容器。一般在居住区，每30户以下配置1~2个垃圾收集桶，30~60户配置2~4个垃圾收集桶，60户以上配置4~6个垃圾收集桶；在村庄公共设施、停车场等活动广场，一般按300~500m^{2}设置1个；沿街道路按每100m配置1个。

收集点的运行管理：收集点设施设备完好无破损；收集点设有防雨设施。

收集车的运行管理：道路平坦地区宜选用人力或电动收集车，道路起伏较大宜选用机动收集车。收集车辆不得有垃圾渗滤液滴漏、收集车车辆为密闭车厢，收集车沿途无垃圾洒漏。

（2）转运设施配置。当垃圾运输距离大于10km，且垃圾运输量较大时，宜采用“转运模式”运输生活垃圾。垃圾转运又可分为“一级转运”和“二级转运”两种形式。山区运输距离大于10km、小于25km，平原地区运输距离大于10km、小于40km时，宜采用“一级转运”模式。转运路线如下：垃圾收集车将垃圾由产生源送至村垃圾收集站—乡镇垃圾转运站—终端处理设施；山区运输距离大于25km，平原地区运输距离大于40km时，宜采用“二级转运”模式。转运路线如下：垃圾收集车将垃圾由产生源送至村垃圾收集站—乡镇垃圾转运站—乡镇联盟/县城/城市垃圾转运站—终端处理设施。农村地区生活垃圾的收运可采用压缩式垃圾运输车沿途收运生活垃圾，直运或者服务半径20km内的一般选用3~5t的车辆，服务半径大于20km的选用5~8t为宜。

小型转运站收集服务半径一般为0.4~3.0km，用地面积不小于800m^2。

转运站管理：转运站要有降尘、通风等措施，操作要实现封闭、减容、压缩、设备先进。

（3）处理设施配置。各自然村配有餐厨垃圾生态处理池，餐厨垃圾生态处理池实行硬化处理，用定制棚覆盖。除有机垃圾建议采取就地堆肥外，其他垃圾建议采用卫生填埋的方式处理。集中处理的卫生填埋设施建设标准按照《生活垃圾卫生填埋处理技术规范》和《生活垃圾卫生填埋处理工程项目建设标准》执行；分散就地处理的建议填埋场建设标准参照《小城镇生活垃圾处理工程建设标准》。

所有设备要进行编号标识，登记入册，包括压缩设备、垃圾装载厢、转运车辆等。

B　成熟的治理技术

已建立符合农村实际的收集、转运和处理技术模式。处理工艺不存在严重的二次污染，基本无露天焚烧和无防渗措施的堆埋。具体实施意见如下：

首先是收集点及周边洁净度应做到：收集点周边无明显臭味、无蚊蝇滋生、未出现随处堆放的生活垃圾、不得有焚烧生活垃圾迹象。

对于农村生活垃圾不同处理技术，例如卫生填埋、工程焚烧、规模化堆肥的工艺，不得存在不带防渗措施的填埋、露天焚烧、无除烟除尘措施的小型焚烧炉等现象。处理设备需建有除臭、降尘、通风等有效控制二次污染的设施。农户也不得直接将垃圾倾倒于河、沟、塘。

C 稳定的保洁队伍

普遍建立村庄保洁制度，村庄保洁人员数量基本满足要求，队伍较为稳定。具体实施意见如下：

各村要根据人口规模合理配置清扫收运保洁人员，原则上每 500~800 名常住人口配备 1 名保洁员，负责管辖区内的垃圾清扫、收集、保洁等工作。保洁员必须是专职，不得以任何形式替代。保洁员与行政村需签订保洁责任书，保洁员的姓名电话、责任区域、工作职责需要公示上墙，接受监督。

保洁员的清洁工作需做到：在行政村的广场/村民活动聚集区路面不得有垃圾，广场/村民活动聚集区的果皮箱、垃圾桶、垃圾箱周边整洁，广场/村民活动聚集区周边墙面没有乱涂乱画；在自然村，农户房屋周边不应有垃圾，不应有畜禽粪便；在路边，不得有生活垃圾，不得堆放淤泥渣土，不得有焚烧生活垃圾现象；在河道内不得漂浮生活垃圾，不得堆存生活垃圾，不得堆放淤泥渣土，不得有焚烧生活垃圾现象；在田边不得有生活垃圾，不得有农药瓶、废弃农用薄膜、化肥袋等农业生产垃圾。

D 完善的监督制度

省、市、县三级已建立领导亲自抓、多部门参与、目标明确、责任清晰的组织领导体系和考核机制；各级政府或相关部门制定了相关规划或实施方案；农民群众对农村生活垃圾治理的满意率达 90%以上。具体实施意见如下：

（1）省政府组织有关部门对各地农村垃圾治理情况进行暗访、检查、半年督查和年终考核，对各地农村垃圾治理情况进行综合评价，对治理工作成效突出的省辖市、县（市、区）给予表扬或资金奖励，对态度不积极、进度缓慢、弄虚作假的予以通报批评，问题严重的追究有关责任人的责任。

（2）各村建设有农村环卫管理工作考核制度，每年制定工作计划，通过横幅、标语、墙报、电视、手机短信等积极开展多种形式宣传活动，按时上报统计报表等材料。

（3）保洁工作监督管路制度包括：村保洁质量标准、村保洁工作监督管理制度、村保洁工作日常监督管理记录、村保洁员制度。依据保洁考核办法、奖惩标准按月考核，结果公开上墙。

E 长效的资金保障

建立省级农村生活垃圾治理经费保障机制。因地制宜通过财政补助、社会帮扶、村镇自筹、村民适当缴费等方式筹集运行维护资金。在农村生活垃圾处理价格、收费未到位的情况下，地方政府安排经费支出，确保长效运行维护。具体实施意见如下：

（1）各级财政部门要统筹使用财政资金，加大对农村垃圾治理基础设施建设的支持力度。县级政府要将农村垃圾治理经费纳入财政预算，按照“渠道不乱、用途不变、统筹安排、形成合力”的要求整合相关专项资金。将村专项资金的管理按照资金管理规定落到实处，实行专账管理，保证农村生活垃圾集中收运处置工作正常运转。

（2）一般性转移支付资金主要用于保洁员工资、保洁用具购买以及垃圾分类、收集、转运等。保洁员报酬按时足额发放。

（3）创新融资模式和渠道，支持通过特许经营、股份合作、委托经营、政府购买服务等多种方式，引导社会资本参与垃圾设施建设管理和运营。

（4）探索建立农户缴费制度，充分考虑农户承受能力，合理确定缴费标准，建立财政补贴、农村集体经济组织补助与农户付费合理分摊机制。充分利用国家支持改善农村人居环境基础设施建设的金融政策，实现投资主体与融资渠道多元化。

4.3.3 各地考评办法实施案例

为促进和管理农村垃圾治理工作，从国家到地方纷纷制定了相应的农村垃圾治理验收和考评机制，以“五有”标准为基础，各地方依据实际情况建立了具体的考核标准和详细的考核评分表。表4-6是国家和地方在开展农村垃圾治理中出台的具体考评办法。

表4-6 国家和地方农村垃圾治理验收考评办法

序号	办 法	主 要 内 容	级别
1	《农村生活垃圾治理验收办法》（建村〔2015〕195号）	指出农村生活垃圾治理监管的重点主要包括设施设备、治理技术、保洁队伍、监督制度、资金保障等方面（“五有”标准）；验收程序以及验收管理	国家
2	《陕西省农村生活垃圾治理考核验收办法》	“五有”验收标准、验收过程、验收管理	地方
3	《莆田市农村生活垃圾治理工作考评办法》	考评组成员组成、考评百分制构成、考评方式、考评纪律、结果运用以及考核评分表	地方
4	《黄梅县农村生活垃圾治理工作考评办法》	考评方法、奖惩措施、相关要求、考评表	地方

续表 4-6

序号	办 法	主 要 内 容	级别
5	《荆门市农村生活垃圾治理工作考评办法》	组织实施、考评方式、评分办法、其他事项、考评细则	地方
6	《景阳乡农村生活垃圾治理工作考核办法》	考核内容包括组织管理、宣传教育、设施管护、资金投入及管护、治理效果，还包括考核方法及结果运用	地方
7	《河南省农村垃圾治理跟踪评价机制》	按照“五有”标准进行评价，重点对各县（市、区）农村生活垃圾治理成效“四个环节”进行评价，还包括评价方法、评价程序以及结果运用	地方
8	《高淳区农村生活垃圾分类处理管理考核办法》	考评办法分为区对街镇考核、区及街镇对行政村考核、街镇及行政村对垃圾分拣员考核三级考核体系，还包括考核奖励以及工作要求	地方
9	《蚌埠市 2016 年度农村生活垃圾处理考核办法》	考核内容包括编制设施建设规划、建设生活垃圾收运处理设施、建立生活垃圾收运处理模式、选用成熟的生活垃圾处理技术、按照标准配备农村环卫保洁队伍、清理陈年积存垃圾情况、建立长效资金保障机制	地方
10	《潼南区农村生活垃圾治理工作考核办法》	主要内容包括检查考核主体、检查考核原则、检查考核方式、检查考核内容和计分标准、考核结果运用	地方
11	《西安市农村环境卫生和生活垃圾治理工作考评评分办法》	组织实施、考评方式（集中检查、日常检查）、评分办法、评分细则	地方
12	《广东省农村生活垃圾治理验收办法》	验收内容及标准：有完备的设施设备、有成熟的治理技术、有完善的收运体系、有稳定的村庄保洁队伍、有“四边”保洁方案和机制、有完善的监管制度、有长效的资金保障；验收程序和验收管理	地方

4.3.3.1 国家层面

《农村生活垃圾治理验收办法》（建村〔2015〕195 号）指出农村生活垃圾治理监管的重点主要包括设施设备、治理技术、保洁队伍、监督制度、资金保障等方面（“五有”标准），具体监管考评细则见表 4-7。

表 4-7 农村生活垃圾治理现场核查评价表

行政村名称：________（省/市/县/镇/村）；核查员姓名及手机：________
村庄联系人姓名、身份及手机号码：________

评价项目		评价内容	调查方式	评价结果	
				合格	不合格
陈年垃圾	1	田野、村头、道路沿线、村内空地等区域是否有陈年积存垃圾（占地面积大于 $10m^2$）	走访、查看、拍照	□无；□1~3 处	□4 处以上
公共环境	2	村内主要道路沿线是否有临时性垃圾堆放点	查看、拍照	□0~5 处；□6~9 处	□10 处以上
	3	村内河流、沟渠是否有漂浮垃圾	查看、拍照	□0~5 处；□6~9 处	□10 处以上
	4	农户房前屋后是否有随意倾倒垃圾现象	查看、拍照	□0~5 处；□6~9 处	□10 处以上
处理情况	5	是否有垃圾直接焚烧现象（包括焚烧池、简易焚烧炉或露天直接焚烧）	走访、查看、拍照	□无；□有，不常见	□有，且常见（通常如此处理）
	6	是否有直接将垃圾倾倒于河、沟、塘现象	走访、查看、拍照	□无；□有，1~4 处	□有，5 处以上
	7	如有村内堆肥处理设施，堆肥垃圾中是否含有非生化成分（塑料制品、织物、瓶罐等）	走访、查看、拍照	□无；□有，不常见	□有，且常见（不注意区分塑料、织物、瓶罐）
	8	如垃圾进入乡镇处理设施，乡镇处理设施工艺是否符合卫生标准、运行是否正常，并查验是否履行环评手续	走访、查看、拍照	□卫生、正常运行，且设施已履行环评手续	□不卫生或不正常运行①
	9	如垃圾进入县市处理设施，与县市处理设施运行单位确认，并查验是否履行环评手续	走访	□经确认，进入县市处理设施，且设施已履行环评手续	□经确认，未进入市县级处理设施
	10	如为其他处理方式，请确认处理设施是否卫生、是否正常运行（注明方式）	走访、查看、拍照	□卫生，正常运行	□不卫生或不正常运行
保洁	11	保洁员工资是否按时足量发放	走访		
调查员评价		□合格；　□不合格		签名	
复核专家评价		□合格；　□不合格		签名	

注：以上有一项不符合要求，即为不合格。

① 不卫生：指不属于卫生填埋、工程焚烧、规模化堆肥的工艺，如不带防渗措施的填埋、露天焚烧、无除烟除尘措施的小型焚烧炉等；不正常运行：指设施设备基本闲置。

4.3.3.2 地方层面

为全面推进农村生活垃圾治理工作，建立健全长效管理机制，不断改善农村人居环境，根据国家出台的《全面推进农村垃圾治理的指导意见》（建村〔2015〕170号）和《农村生活垃圾治理验收办法》（建村〔2015〕195号）文件内容，各地方均纷纷制定了适用于本地方的农村生活垃圾考核办法，建立市、县（市）区、乡（镇）三级督查考核机制，从省到乡，包括广东省、河南省、莆田市、黄梅县、景阳乡、蚌埠市、高淳区等。各地方建立的考评细则里大致包括宣传工作、制度建设、设施设备配套、垃圾管理人员、垃圾集中处理点建设和管理、环境整治效果以及农村地区的基础设施建设情况。

除了对农村垃圾治理环境进行考核外，也有地方对垃圾分拣员的工作制定了考核机制。

考评方式除了集中检查外，有些地方还设置了暗访检查（日常检查），检查内容主要涉及清扫保洁质量、环卫设施设备管理维护、垃圾收集清运等农村环境卫生治理成效情况。

5 农村生活垃圾治理案例

近年来，各地方政府积极探索与地区社会经济相适应的农村生活垃圾治理模式，逐渐形成了一些可推广的农村生活垃圾治理经验。综合各个垃圾治理示范县（市）的工作经验和成效，目前农村生活垃圾治理主要从源头分类、转运、末端处理全流程的基础设施配置、加强制度保障、加强宣传教育和管理等方面入手推动，智能化、信息化、市场化、PPP 融资模式和第三方服务也为农村生活垃圾治理提供了新的解决方案。表 5-1 列出了一些比较有特色的农村垃圾治理模式，本书将详细介绍，可供借鉴和推广。

表 5-1　典型农村生活垃圾治理模式

县（市）	农村生活垃圾治理特色	处理方式
浙江省金华市	特色分类转运、就地资源化	就地处理+城乡一体化
浙江省宁海县	信息化智能管理	就地处理
浙江省安吉县	市场化运作、专业物业团队管理	就地处理
河南省南乐县	城乡环卫一体化	城乡环卫一体化
上海市崇明区	垃圾全程分类，就地资源化	就地处理
江西省鹰潭市	城乡全域一体化、互联网+环卫	城乡一体化
四川省罗江县	推行垃圾分类，收缴垃圾管理费	就地处理

5.1　浙江省金华市——接地气的农村垃圾分类模式

2014 年以来，金华市从本地实际出发，探索出了“两次四分法”分类方法、“垃圾不落地”转运方法、阳光堆肥房就地资源化利用方法，以及动员群众、依靠群众工作方法，形成了财政可承受、农民可接受、面上可推广、长期可持续的农村垃圾分类和资源化利用模式，已在全市普遍推广，产生了显著的生态、经济和社会效益，走出了一条符合金华实际的农村垃圾污染治理新路子。

5.1.1　基本做法

5.1.1.1　“两次四分”分类方法

（1）农户初分。即农户按能否腐烂为标准对垃圾进行一次分类，分成“可腐烂”和“不可腐烂”两类，由政府给农户发放标准化两格式或两个垃圾桶（图 5-1），分别投放这两类垃圾。

图 5-1 户分类垃圾桶

（2）保洁员再分。保洁员会对垃圾进行二次分类，纠正农户分类的错误，同时把“不可腐烂”垃圾分为“能卖的”和“不能卖的”。保洁员用两格式垃圾分类车将“可腐烂”和“不可腐烂”垃圾集中收运至村内或联村阳光堆肥房，“可腐烂”垃圾投入堆肥间堆肥，“不可腐烂”垃圾中“能卖的”放入临时存放间储存，之后由市供销社回收，“不能卖”的垃圾则统一运往市末端处理设施，进行焚烧或填埋。

5.1.1.2 “垃圾不落地”转运方法

金华市取消了村内垃圾集中堆放点和垃圾池，实现垃圾从投放到处理全程不落地。每家每户门口设两个密闭垃圾桶或两格式垃圾桶。农户自行投放后，保洁员利用密闭分类转运车定时上门收集，运送到村级阳光堆肥房。进行密封处理或储存垃圾。对既不能堆肥，也不能卖的其他垃圾则统一密闭转运至县级处理设施处理。垃圾从出门到进入最终处置环节全程不落地，大大减少了蚊蝇滋生的可能性，也净化了村庄环境。

5.1.1.3 阳光堆肥房就地资源化利用方法

对于分拣出的可腐烂垃圾，金华市在农村就近建设太阳能阳光堆肥房进行堆肥。根据行政村人口数量、转运距离等因素，采取“一村一建”或“多村合建”方式建设阳光堆肥房。单村建设的阳光堆肥房（图 5-2）一般分四格，其中两格堆肥，一用一备，另外两格一格储放可卖垃圾、一格储放其他垃圾。所有阳光堆肥房实施标准化建设，统一材料和外观。

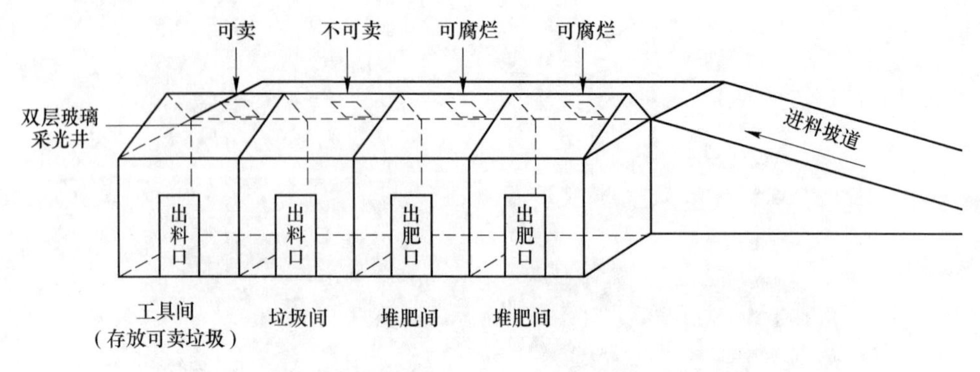

图 5-2　阳光堆肥房结构

5.1.2　保障措施

5.1.2.1　强力行政推动

一是“一把手”抓“一把手”。金华市委书记亲自进行全市动员部署，从市到县到乡到村，层层抓“一把手”。仅在试点过程中，市委分管副书记就先后与试点区区委书记沟通10多次。各级“一把手”既“挂帅”，又“出征”，各县（市、区）书记多次召开现场推进会，乡镇“一把手”更是进村入户，推动工作落实。

二是健全协调机构。在市县两级“五水共治”办公室下设办事协调机构，负责谋划、统筹、协调、督查农村生活垃圾分类减量工作。

三是试点先行、全域推进。根据人口规模、产业布局、地域远近、经济发达程度等因素，金华在市区选择了工业主导、农业主导、城郊接合部三个不同类型的乡镇先行开展试点。试点乡镇所有行政村、企事业单位全面开展垃圾分类，其他县市也选择若干个乡镇进行整乡整镇试点。试点取得成功后，2015年4月金华市委、市政府召开动员大会、下发文件，在全市农村全面推行垃圾分类。

5.1.2.2　多元化资金筹集

建立“财政直补、群众缴费、社会参与”的资金筹集模式。

一是建设费用由县级财政负责。通过财政奖补形式对开展分类减量的行政村一次性补助10万~15万元，用于建设阳光堆肥房，同时按在册人口人均20~60元不等的标准补助配套设施建设，如配置分类垃圾桶、垃圾车等。

二是运行费用主要由市、县两级财政解决。平均每人每年补助约84元，由市、县两级财政按1∶1.5比例安排，包括保洁员工资、堆肥房维护等后续管理费用。除财政资金外，各村设立“共建美丽家园维护基金”，农户每人每年缴纳

10~30 元，商户每年 200~500 元，缴纳费用在村务公开栏公示。

三是争取部分村级企业捐助。用于垃圾分类的长效实施、农户的奖励等。

5.1.2.3 全方位监督考核

市对县、县对乡镇、乡镇对村进行分级督查考评，市对县实行季查，结果列入五水共治考核；县对乡镇、乡镇对村实行月查，分别公布排名，全年成绩与垃圾分类减量资金补助直接挂钩、与联村干部及村主要领导奖金挂钩。

(1) 村委会和村党员干部层面实行垃圾分类网格化管理（图 5-3)。村两委班子成员划分责任片区，每名党员联系若干农户，层层落实责任，确保分类工作有人抓、有人管；实行村务公开，在村庄保洁承包、缴费标准、经费使用等各个环节做到公开透明；聘请村里有威望的老人担任环境监督员和劝导员。(2) 保洁员层面建立分类评优制度。实行乡镇对各村保洁员的月度考评制度，每月评比奖励 10%~20%的优秀保洁员，激发他们做好分类工作。(3) 农户层面建立环境卫生荣辱榜制度。村干部、村民代表及有一定威望的老党员、老干部对农户分类等情况进行打分评比，每月每村评出先进户 3~10 户、促进户 3~5 户，通过“笑脸墙”“红黄榜”公布结果。健全农户“门前三包”制度，实施卫生费收缴制度，并将其纳入乡规民约。

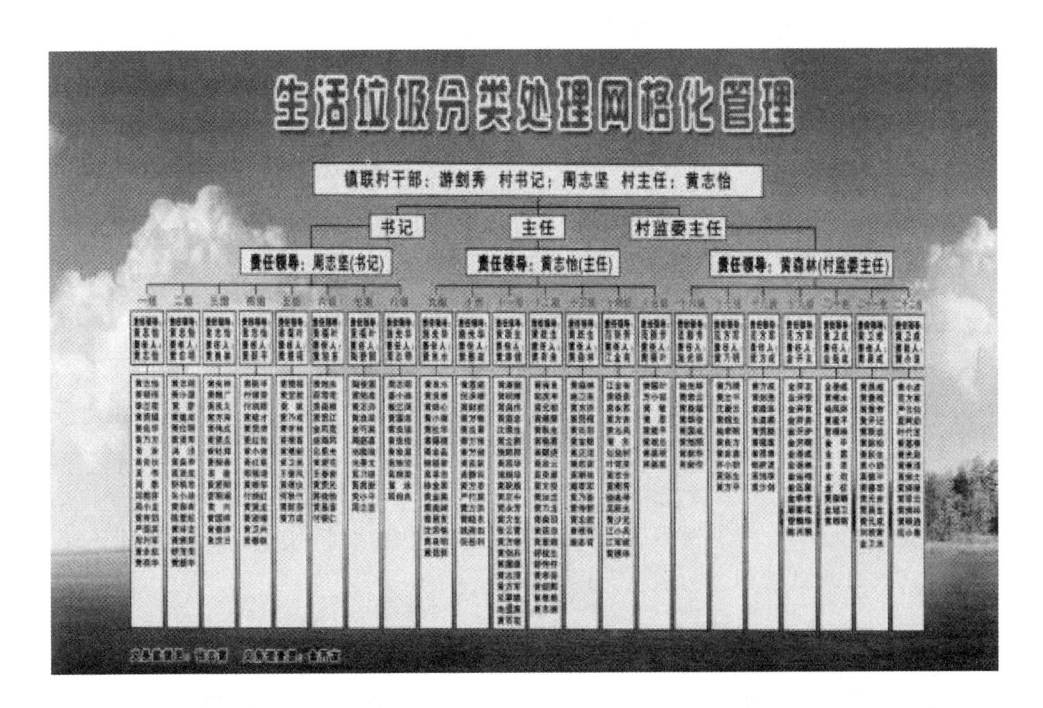

图 5-3 网格化管理制度示意图

5.1.2.4 广泛社会参与

一是党员干部深入宣传。市县镇村层层召开动员大会，召开村级党员和村民代表大会时，讨论通过阳光堆肥房选址、村规民约、垃圾桶的选择，以及落实党员联系户制度和村民代表联系户制度。通过实行农村党员联户制度，发挥基层党组织和党员的先锋模范作用。

二是发挥妇女主力军作用。各级妇联积极发动培训农村妇女，组织开展“好姐妹宣讲团”“垃圾分类、巾帼先行”“携手垃圾分类、共创美丽家庭”等活动。

三是共青团、教育部门动员。共青团各级组织广泛开展“让垃圾分开旅行”“家园风景秀”等活动，动员青少年和社会志愿者积极参与分类。教育部门在全市小学全面开展垃圾分类相关知识教育，通过“小手拉大手”等活动，促进农户分类。

四是企业积极参与。对于设在农村的各类工厂，明确由各级工会负责，组织开展阳光堆肥房的村企联建、企业职工生活垃圾分类等工作。

5.1.3 初步成效

实行农村垃圾分类后，垃圾不落地，堆放、转运等环节二次污染明显减少，农村边角都变得干净了，群众反映苍蝇、蚊子变少了，臭味没有了，改变了农村原先“一场大雨、一河垃圾”的现象。农村垃圾的有效治理也推动了乡村旅游大幅发展。据统计，全面推行垃圾分类减量的2015年，金华市农家乐接待游客就达1688.8万人（次），实现营业收入10.82亿元，分别比2014年增长18.9%和24.1%；2016年以来，农家乐进一步加快发展，上半年金华市农家乐接待游客976.7万人（次），营业收入6.91亿元，同比分别增长24.5%和28.4%。垃圾分类有力推动了美丽乡村建设，带动了古村落观光、休闲农业、民宿经济等乡村旅游业的快速发展。

垃圾分类的过程，既是农民良好卫生习惯的养成过程，又是农民文明卫生素养的提升过程。村庄干净了，也倒逼着农民改变自身不良习惯。如村民以前随手乱扔垃圾比较普遍，现在家庭主妇甚至就在分类垃圾桶边剥笋壳，边剥边分类。农户门前“三包”、卫生费收缴等写入村规民约，洁净庭院、美丽家庭等评比活动的开展，笑脸墙、红黑榜等制度的实施，是村民自治自律的生动实践，进一步促进了农民自我管理和文明素质的提升。

5.2 浙江省宁海县——垃圾分类信息化管理模式

浙江省宁海县从2015年开始在农村有序推进生活垃圾分类收集、定点投放、分拣清运、回收利用工作，摸索出分类处置法、资源利用法、智能管理法“三大法宝”，提升农村垃圾治理水平。宁海县分类方式吸取金华市经验，使用简单易推广的“二分”模式，同时在垃圾分类过程率先尝试信息化管理和政府购买第三方服务，大大提升了垃圾分类效率。分类后的有机（“会烂”）垃圾采用分散和集中处理相结合的方式，采用小型餐厨垃圾生化机和太阳能堆肥技术，实现有机（“会烂”）垃圾资源化利用。目前农村生活垃圾源头分类、设施建设、运行和维护体系已经初步建成。2017 年底宁海县实现农村生活垃圾分类建制村全覆盖。

5.2.1　基本做法

（1）“二分”模式。农户只要分装“会烂”和“不会烂”垃圾，二次分类交给垃圾分拣员。这种简单且适合农村实际的“二分”模式极大地促进了垃圾分类的推广。

（2）垃圾分类信息化管理。针对农村垃圾分类动态跟踪难的情况，宁海在下畈、梅山等 45 个省级试点村设置智能分类数据管理云平台，通过信息化管理，实现对区域性垃圾分类数据信息的收集、存储、统计、汇总，智分类数据管理云平台由智分类收运数据采集和智分类垃圾处理计量监控两个系统配套组成，通过一户一卡实名制（图 5-4），实现垃圾分类投放有源可溯，打通垃圾分类“户—村—乡镇—县主管单位”和“垃圾产生—垃圾分类—分类收集—分类处理”的全渠道，推动农村垃圾分类进入 2. 0 智能时代。

图 5-4　宁海县梅山村分类垃圾桶及 RFID 卡

智能采集清运车及随车信息采集界面如图 5-5 所示。

（3）政府购买第三方服务。强化通过政府购买服务的形式，将城市保洁市场化延伸到农村，将各村镇保洁、垃圾清运业务，通过公开招标交由第三方物业

图 5-5　智能采集清运车及随车信息采集界面

企业负责。

（4）有机垃圾分散和集中处理相结合。宁海采取“建筑垃圾铺路、餐厨垃圾施肥、其他生活垃圾创意设计”等方式，实现垃圾资源化利用。安装了餐厨垃圾生化机，实现餐厨垃圾就地分散处理，把餐厨垃圾通过机器粉碎、脱水，加入活性菌进行发酵，所有餐厨垃圾“变身”褐色有机肥料粉末。除了应用餐厨垃圾生化处理机，宁海还实行了太阳能垃圾处理，利用太阳能作为消化反应过程中的能量来源，对高含有机质的垃圾进行卫生、无害化生物处理，最终形成腐熟的堆肥（图 5-6）。下一步，还将建有机农业生产基地，打造一条“餐厨垃圾—有机肥—有机农业基地—配菜中心”的生态环保产业循环链。

图 5-6　厨余垃圾处理机及其出料

5.2.2　保障措施

5.2.2.1　广泛宣传教育

宁海组建专业讲师团，进村入户宣讲垃圾分类工作（图 5-7）。按“一村一员”方式，由本村干部、党员志愿者担任垃圾分类指导员，召开动员会、交流会、分享会，讲解垃圾分类的方法，入户指导操作，使得群众垃圾分类知晓率达到 100%。

图 5-7　梅园村垃圾分类宣传角

5.2.2.2　完善的制度建设

按照属地管理与行业管理相结合、属地管理为主的原则，制定完善农村生活垃圾减量化处理工作方案，相继出台了关于生活垃圾分类实施意见、工作方案、管理办法等一系列政策文件。把“垃圾源头分类、定点定时投放”纳入村规民约，明确每名村干部和保洁员的责任区域，并实行细化考核。

5.2.2.3　有力的组织保障

按照属地管理与行业管理相结合、属地管理为主的原则，制定完善农村生活垃圾减量化处理工作方案，相继出台了关于生活垃圾分类实施意见、工作方案、管理办法等一系列政策文件。宁海县还设立了全国首个乡村治理标准化研究所，全面提升乡村治理法治化、科学化水平和组织化程度。

5.2.2.4　推行奖励政策

基于垃圾分类信息化管理，部分村落施行垃圾分类“二维码积分”制度，村民凭积分可获得相应奖励，极大地提高了村民参与垃圾源头分类的积极性（图5-8）。进行村镇环卫考评，实行月督查通报、卫生“荣誉榜”制度，对卫生保洁整治工作出色的村镇进行奖励。

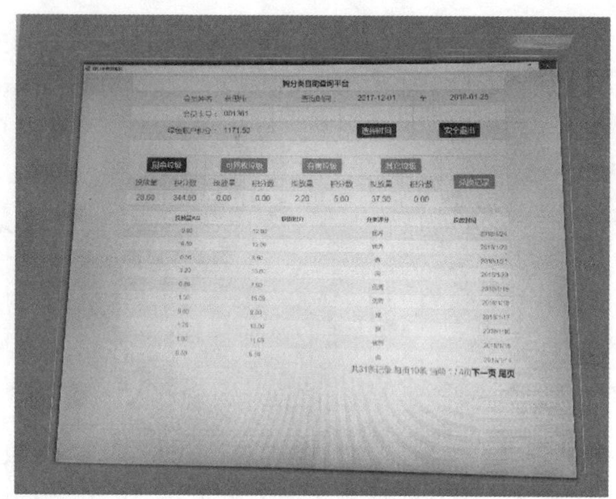

图 5-8　积分智能查询终端及其界面

5.2.2.5　鼓励引入 PPP 投融资方式

政府和社会资本合作（PPP）模式既能够解决农村生活垃圾收运设施所面临的资金瓶颈，又能够提高运营效率。引入 PPP 模式可以促进垃圾分类工作专业科学、常态长效。目前宁海梅林街道仇家村采用 PPP 治理模式，将垃圾分类等环境治理工作与开发权限挂钩，取得良好成效。

5.2.3　初步成效

2015 年起，宁海县推行农村生活垃圾分类，以岔路镇 6 个行政村试点为基础，全面推进农村生活垃圾分类工作，形成“智分类、云回收、源处理、循利用”的宁海模式。减量化目标基本达成，“资源化利用”成效显著。第三方机构 2016 年年底的抽查表明，宁海 30 个省级垃圾分类试点村生活垃圾综合减量率 58%，转运量下降 49%，环卫成本下降近六成。宁海在农村建成“餐厨垃圾再利用中心”91 个，日处理量超过 60t。餐厨垃圾通过生化处理，摇身变成有机肥，不但实现“全降解”减量目标，还能产生经济效益。垃圾得到有效处理，街道干净整洁，农村人居环境得到极大改善。

5.3　浙江省安吉县——物业团队专业管理模式

从 2013 年起，安吉县开始实行生活垃圾分类治理。四年来，该县累计投入

资金4000余万元，设置垃圾分类点1000多个，形成了物业团队专业管理、定时定点回收垃圾、智能系统助力垃圾分类、厨余垃圾资源化利用的农村生活垃圾全过程管理模式，建立健全了“户集、村收、镇集中处置”的垃圾集中收集处置体系，在一定程度上改善了农村垃圾源头分类不彻底、资源化利用率低的状况。

5.3.1 基本做法

5.3.1.1 物业团队专业管理

安吉县对全县所有的保洁范围、作业量进行仔细测算，编制实施方案，按照行业部门对环卫保洁的规范化要求，细化了清扫保洁、垃圾清运、路面洒水等基础性要求，明确作业范围、技术标准、操作规程、质量标准和设施配备等。严格按照政府购买服务有关规定，规范有序实行公开招标，依照规定对竞标企业从业资质、市场经验、配套设备等设立门槛条件。市场化运作后，按照物业公司的建议，淘汰垃圾收集房、中转站，由物业公司新配备垃圾压缩清运车，在全县农村依科学线路循环作业，将收集进桶的生活垃圾装车压缩，直接送垃圾焚烧厂处理。物业公司对镇、村原聘用的保洁员、清运员接收后，经岗前培训、内部考核、竞争上岗，淘汰部分年龄偏大的不适岗人员，保留精干力量。各抽调有关工作人员成立考核小组，每月对物业公司保洁情况进行现场量化考核评分。考核分数跟保洁经费支付额度直接挂钩。安吉县有70%的建制村引进专业物业公司，使得农村的生活垃圾分类有了多样化、专业化、标准化的服务。

5.3.1.2 垃圾定时定点收集

2016年安吉创新开展垃圾不落地试点，在天荒坪镇和上墅乡探索生活垃圾运行的新模式，在收集过程中确保“垃圾不暴露、转运不落地、沿途不渗漏、村容更整洁”，确保垃圾“日产日清”。目前已形成两种模式：一是余村模式，保留垃圾桶，采取定时定点投放，垃圾桶过时不候；二是上墅模式，取消垃圾桶和垃圾池，保洁员定时上门收集。2017年安吉将“垃圾不落地”模式在全县域进行推广，要求各村不在公共场所和马路上设垃圾桶，改由垃圾清运车每天早晚固定时间挨家挨户上门收集。农户按照“可回收”“不可回收”“厨余垃圾”“有害垃圾”等8种不同属性进行倾倒。收集完毕后，清运车直接开到街道资源循环利用中心进行处理。

5.3.1.3 智能垃圾桶助力垃圾分类

2016年10月开始，安吉报福镇在全镇10个村投放了垃圾分类智能回收机，并为5000多户农户发放积分卡，实现“一户一卡”。通过实名制、积分制手段激励村民积极参与，促进村民养成垃圾分类的好习惯。

目前该镇采取了以下几种方式改善垃圾分类与处理：

一是试行垃圾分类“实名制”，即每家都需认领印有自家编码的垃圾袋，如若出现垃圾丢放不合理的现象，则需本人负责到底。

二是普及垃圾分类知识，在县内每个村都设有宣传垃圾分类的标牌，图文结合更好地帮助村民理解垃圾分类的知识。

三是设立奖惩机制。在宣传垃圾分类的基础上，报福镇通过全村家庭户评星定级和优秀家庭户推荐表彰引导大家传承家庭美德，树立良好风尚，进一步完善美丽家庭示范村落建设，助推精品示范村建设。

5.3.1.4 厨余垃圾资源化利用

安吉县负责垃圾收运的清洁工将厨余垃圾统一运送到镇资源循环利用中心，处理中心有两台有机废弃物快速发酵制肥机，一天能处理1t垃圾，产生100kg左右有机肥，真正实现“变废为宝”。这些肥料完全符合有机肥标准，周围农户抢着要。有些村还把有机肥作为奖品，奖给垃圾分类做得好的农户。尝到垃圾分类的“甜头”，农户们分类的积极性更高了。而那些不能处理的其他垃圾，按照原来模式运送到县垃圾处理厂，进行焚烧填埋处理。

5.3.2 保障措施

（1）奖励垃圾分类。通过建立垃圾换积分、积分兑商品、积分赢大奖等奖励措施，引导农民积极参与垃圾分类。作为安吉县较早实现垃圾分类全覆盖的乡镇，鄣吴镇创新推出“点赞法”奖励村民，成效明显；报福镇开展了“鲜花换垃圾”“垃圾分类积分换奖品”等活动，鼓励村民自觉开展垃圾分类。

（2）实施民主监督。开展“城乡生活垃圾分类处理”专项集体民主监督，成立监督小组，将全县三级政协委员按界别划分18个编组，定期对村、镇、社区等生活垃圾分类处理情况进行监督，并提出问题，探讨解决方案。

（3）资金保障。经测算，2017年全县农村保洁经费投入约3000万/年，市场化运作后约需投入经费3500万/年。对于资金来源，按照“镇政府配套一点、村民筹一点、商户（企事业单位）收一点”的办法筹措资金。其中，各村按照“一事一议”每年12元/人的标准筹资；农村居民、商户和企事业单位按照所在村确定的标准收取垃圾收集清运处理费；县财政根据当年美丽乡村长效考核结果以60元/人的标准拨款，乡镇等额配套。

5.3.3 初步成效

目前全县188个行政村垃圾分类实现全覆盖。通过垃圾分类处理，县域环境得到明显改善，农民素质得到全面提升，垃圾资源得到再生利用，美丽乡村长效

管理体系得到进一步深化。2017 年，安吉县还成为全国首批“农村生活垃圾分类和资源化利用示范县”，全省仅 7 个。

5.4 河南省南乐县——城乡环卫一体化模式

2016 年下半年以来，南乐县开始农村生活垃圾分类治理的探索实践。为切实打造整洁优美、群众满意的生活居住环境，该县创新引进市场化机制，推行政府购买服务发展环卫新模式，率先尝试城乡环卫一体化项目，将全县所有村庄纳入生活垃圾治理范围。实施专业化运营，坚持规范化管理，实现事企管干分离。项目实施以后，农村享有和城镇同样的环卫服务，农村垃圾治理效率大大提升，取得良好效果。

5.4.1 基本做法

（1）实施城乡环卫一体化项目。南乐县实施城乡环卫一体化项目，将农村生活垃圾治理交给专业队伍去做。在县财力有限的情况下，公开招标，采取 PPP 模式进行市场运作，由专业环卫公司全盘负责农村生活垃圾的收集、清运，政府负责监管。将全县 322 个行政村、乡镇驻地、乡村道路以及城中村的生活垃圾保洁清运进行全覆盖。

（2）实施专业化运营。根据城乡环卫一体化工作需求，科学规划环卫设施布局，大力提高环卫设施的配置和运行标准。每 10 户农村家庭配备一个垃圾桶，每 350 人配备 1 名保洁员，5~6 个村配备 1 辆垃圾清运车和一名保洁管理人员，3~4 个村建设一处环保地埋垃圾中转点，每个乡镇配备 1 辆 25t 垃圾压缩车、设立 1 个项目管理部。全县共投放 15000 余个 240L 垃圾桶，配备垃圾运输车 100 辆、吊桶车 12 辆、管理车 13 辆，招聘 1300 余名乡村保洁员和 66 名专职管理员。在与第三方运营企业签订的合同中约定，优先选聘贫困户、低保户等低收入农村家庭成员，先后帮助 416 户贫困家庭实现脱贫。

（3）坚持规范化管理。建设了“南乐城乡环卫一体化调度指挥平台”，并设立了项目总部，建设智慧管理调度系统 1 套，安装车辆 GPS 定位仪 105 台、发放管理员 GPS 定位手持对讲机 164 部，实时监控车辆行驶、管理员到岗巡查、垃圾桶清空等情况。据悉，该县城乡环卫一体化使用的环保地埋桶已获得国家专利，有效解决运输距离、垃圾恶臭、二次污染等问题，替代了传统的小型垃圾中转站，环卫保洁水平全面提升。

（4）实现事企管干分离。成立城乡环卫一体化管理办公室，专门负责环卫工作的监管和制度完善等工作。把县乡村垃圾保洁三个主体转变为一个主体，政府从执行者变为监管者，由“运动员”变为“裁判员”，彻底扭转“自己定标准、自己去运行、自己评自己”的低效率、低标准工作局面。资金保障坚持

"县乡财政兜底"原则，将乡村卫生保洁和垃圾清运资金，纳入政府购买服务年度财政预算，建立县乡村环境卫生服务费分担机制，设立县乡村三级环境卫生服务费专用账户，县乡财政按照70%和30%的标准分担，农村采取"一事一议"的方式每年收取一次，并报县、乡农民负担监管部门进行审批，有效调动群众参与农村垃圾治理的积极性。

5.4.2 保障措施

（1）有力的组织保障。成立了由党政主要领导为主要负责人、相关单位负责人为成员的专项治理领导小组，下设专门办公室和专项工作督导组，专项统筹协调推进农村环境整治工作。各乡镇也迅速成立相应领导小组和监督机构，在全县形成了"有人管事、有人办事、上下呼应"的联动工作机制。整合县委农办、住建、财政、环保、交通、国土等有关部门资源，采取部门合力、项目打捆、建设组团的发展模式，集中推动工作开展。县乡两级也充分发挥党政协调各方的优势和公共财政的导向作用，建立了"县级负责、乡镇组织、村为主体、社会参与、部门协作"的工作机制，为做好农村环境卫生整治工作打下坚实基础。

（2）完善的制度机制。制定出台了《农村环境卫生治理方案》《关于切实加强农村环境整治工作的通知》《农村路容路貌整治标准、村容村貌整治标准》等各类专项文件，以及《关于面向一线选拔任用干部工作暂行办法》。成立了4个督导组和1个巡查组，全天候对全县12个乡镇进行持续督导，建立问题台账，明确整改期限，并对整改情况持续跟踪检查。分包联系乡镇的县级干部不定期进行检查暗访、现场指导。各乡镇每天上报完成进度，督查局通过手机短信平台、督查专报对整治进度和督查情况进行每天一发布、每周一通报，全力推动农村环境卫生整治工作。同时，还积极实行"路长河长责任制"，设立周五"大扫除日"，从制度机制上保障农村环境卫生的长效保持。

（3）广泛宣传教育。该县将舆论宣传工作与集中农村环境卫生整治活动同步进行，强化环保和卫生知识宣讲教育，提高群众环保和卫生意识。县委农办与县委党校选派优秀讲师18人成立了6个宣讲团，以"加强环境治理、共建美好家园"为主题在12个乡镇、农村巡回召开宣讲培训大会36场，培训乡村干部、党员群众达到10000余人次。全县各行政村充分利用村喇叭、微信平台等形式将宣讲内容进行持续播放宣传。结合农村实际，制作了简单、易懂、好操作的宣传图，张贴在每个村镇街道，还通过制作墙体漫画，让村民们能更直观的了解。针对"什么样的垃圾能够回收卖钱，什么垃圾可以发酵堆肥"，专门印发了宣传手册，统一发放给每家每户。把垃圾分类减量化处理的详细流程图和垃圾分类的明白纸张贴在村务公开栏上。网站、电视台、广播电台增加农村环境卫生方面的宣传报道，力求达到家喻户晓、人人皆知，形成了"垃圾分类"的浓郁氛围。为

让村民在垃圾源头上进行分类，南乐县为每家每户免费发放了垃圾分类筐和可腐烂垃圾桶、有害垃圾桶。村里胡同口两边，还分别放置着可回收、不可回收垃圾分类箱。村保洁员则负责对村民们丢在垃圾桶里的垃圾进行二次分拣。

（4）全面的垃圾回收管理。村边设立堆肥房和垃圾地埋桶，分别用来收集处理村民家可腐烂垃圾和收集转运不可回收的垃圾。每个村指定 1 名保洁员作为可腐烂垃圾回收人员，负责将可腐烂垃圾进行就近堆肥处理。联系废品回收人员在村里定点定期上门回收村民家中的可回收垃圾。

5.4.3　初步成效

城乡环卫一体化项目试运行仅 1 个多月，就实现了“统一收集、统一清运、集中处理、资源化利用”的城乡环卫一体化运行格局，创造了“南乐速度”。村里的垃圾有人扫、有人运，家里的垃圾会分类、能回收。实施垃圾分类、减量化处理的短短数月，试点村的生活垃圾产生量明显减少了很多。根据跟踪统计，每天可回收垃圾占总量的 15%～20%，可腐烂垃圾占 20%～25%，通过分类处理，垃圾转运量减少 40%左右，便于资源化处理。

5.5　上海市崇明区——垃圾不出岛的自循环模式

2017 年 6 月 27 日崇明区委、区政府在横沙召开全域推进生活垃圾分类减量工作现场会，崇明区全面推进垃圾分类。崇明实施垃圾定时定点投放，解决垃圾源头分类问题；建立垃圾全程分类体系，避免“混装混运”，使得垃圾分类更彻底；利用农村和海岛相对封闭的优势，提出垃圾不出岛、就地处置的方案，打造了具有区域特色的垃圾分类“农村模式”。截至 2017 年 11 月，各项工作已取得显著成效。

5.5.1　基本做法

（1）垃圾定时定点投放。崇明新村乡探索农村生活垃圾定时定点投放，撤销楼道口对应垃圾桶，各居住小区根据实际情况，合理设定分类投放时间和投放点，居民投放垃圾实行“送一程、走一段”。“定时”是指每天有 4 个小时供村民投放生活垃圾，分别为早上 6 点到 8 点、晚上 5 点到 7 点，“定点”是指村民需到每个生产小组的垃圾集中投放点扔垃圾。村里会给每户人家配发垃圾袋（干垃圾袋黑色、湿垃圾袋棕色），保留农户家门口的干湿分类垃圾桶，农户每天依然把垃圾先放入门口垃圾桶，再定时投放到指定地点。集中投放点配置 240L 的干、湿垃圾桶，设 1 名志愿者，指导管理投放点农户的分类投放及投放点周边环境卫生。志愿者还会记录各户投放垃圾的时间、投放质量，并评级。

（2）建立垃圾全程分类体系。为了解决“混装混运”造成的垃圾分类不彻底现象，各乡镇严格制定分类收集、分类运输、分类处置制度，实现生活垃圾全程分类，不让老百姓“白分”。例如，城桥镇将干、湿垃圾运输车醒目地区分开来，每次清运垃圾，都是干、湿垃圾运输车同时驶进小区，将垃圾分别装走，让居民眼见为实。

（3）实现自循环。崇明三岛相对封闭，农村在垃圾处理上也有优势可利用。崇明推行农村“湿垃圾不出村”的就地资源化利用“自循环”模式。按照联建或独立建设的方式布局湿垃圾处置点（生活垃圾+农林垃圾沤肥池，沤肥池设计如图 5-9 所示）。计划建设的末端湿垃圾处置点中，陈家镇瀛东村、堡镇米行村已完成建设并装配设备投入使用，其余 25 个湿垃圾末端处置站点中，17 个正在建设中，8 个处于待建状态。以仙桥村为例，仙桥村湿垃圾处理示范点（图 5-10）于2016 年 4 月开始正式建成投入运行。站点位于仙桥村农田种植区域，处理能力为 5t/d，占地约 $60m^3$。投加原料主要以农作物秸秆、藤条和稻草为主，厨余垃圾较少。发酵后的沼液和沼渣可以投入周边农田进行肥料灌溉，实现物质利用自循环。

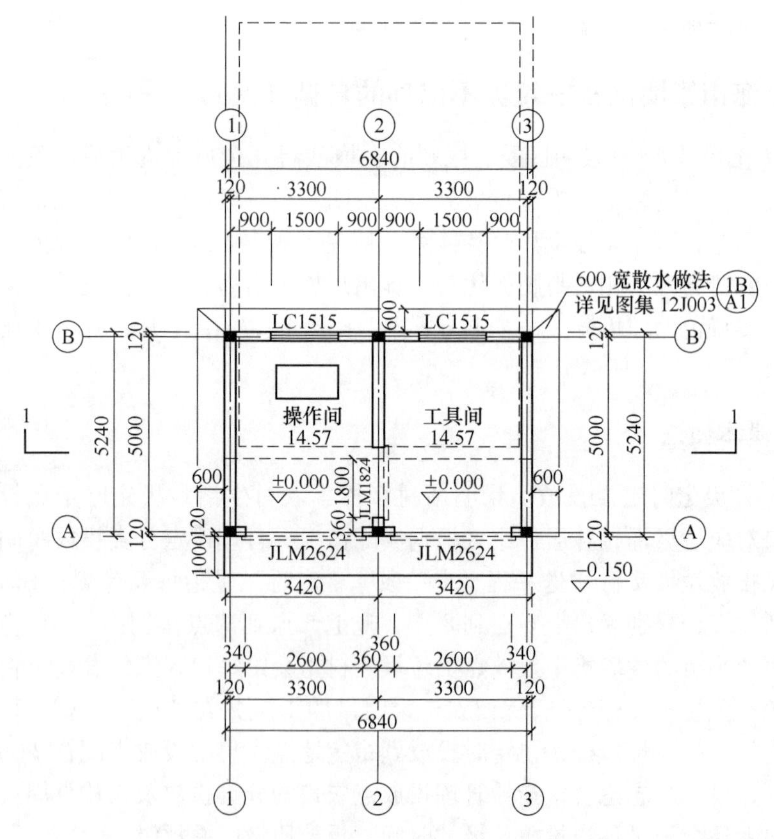

图 5-9　崇明农村垃圾就地处理池设计图

图 5-10　仙桥村垃圾分类桶及湿垃圾处理站点

5.5.2　保障措施

（1）广泛宣传教育。自垃圾分类工作开展以来，推进宣传办公室利用电视、报纸、微信公众号、学校拓展类课程等各类途径和假日学校、道德讲堂、睦邻点等各类精神文明宣传阵地，广泛开展各类宣传活动，营造积极的社会氛围；同时，分级组织乡镇市容管理人员、村居委主任、楼组长、业主代表、居民代表、垃圾分类员、管理员和志愿者队伍参加教育培训，由点及面进行政策普及。鼓励各村委或村民小组制定相关村规民约，并将生活垃圾分类减量要求纳入文明村、文明小区、文明校园、文明家庭等创建标准。共培训 468 批（次），发放宣传告知书 934826 张，培训村（居）以上管理人员 9854 人（次），垃圾收集员 7326 人（次），培训村（居）民 923400 人（次）。

（2）推行奖罚制度。为了促进村民做好垃圾分类，有的村还制订了奖惩制度。横沙乡丰乐村通过了《丰乐村村规民约之生活垃圾管理办法》，按照这个村规民约，对分类不清的，前三次给予警告教育，由垃圾收集员进行劝导；超过三次则将受到处罚，并影响相关人员今后的评优和奖励。港西镇北双村定期对村民垃圾分类情况进行监督评分，每月公示一次，各户村民分类情况一目了然，并评选出 3~5 户最佳家庭，给予一定奖励。

5.5.3　初步成效

崇明积极创新农村生活垃圾分类收运、处置模式，取得了不俗的成效。在农村地区，崇明实行“户分户投、村收村拣、镇运镇处”的农村生活垃圾分类模式，依托村级湿垃圾处理点和镇级湿垃圾集中处理站，做到湿垃圾处置不出镇，最大限度地减少了运输成本，提升了资源化利用率。做到了每户有分类桶、每村有分类收集车、分类存储房，每镇有分类运输车和湿垃圾处理站。生活垃圾的总体资源化利用率达到了73%。

5.6 江西省鹰潭市——实践全域一体智慧环卫系统新模式

2016年以来，鹰潭市以争做美丽中国“江西样板”排头兵为目标，以列入全国城乡生活垃圾第三方治理试点城市为契机，积极探索，大胆尝试，结合当地实际，率先实现城乡生活垃圾处理全域一体，打破行政区划限制，实现垃圾清扫、收运、处理全过程市场化运作。在所辖各县（市、区）、管委会的51个乡（镇、场），由一家公司负责生活垃圾的收集转运，全域生活垃圾又由一家焚烧发电厂焚烧处理，让全市85万农村群众享受和城市居民同样的环卫服务。同时构建全域一体智慧环卫系统，率先实践“互联网+环卫”新模式，将窄带物联网技术运用到垃圾治理领域，为城乡垃圾治理创造一种新的模式。

5.6.1 基本做法

（1）构建全域一体智慧环卫系统。以全域一体理念，打破行政区划限制，构建起全覆盖的“互联网+环卫”系统，将全市垃圾桶、收集站以及保洁电动车、运输车、洒水车、扫路车等设备，集成在一套数字化管理平台上，所有保洁员清扫、保洁、前端垃圾收运进度和轨迹、实时垃圾收集量、转运车辆作业轨迹等数据一览无遗，实现远程管理监督垃圾收集、转运全过程，让农村生活垃圾“无处藏身”。

（2）基于智能垃圾桶的垃圾精准清运系统。鹰潭市使用智能垃圾桶，里面配置的是基于NB-IoT（窄带物联网）技术的监控芯片，一旦垃圾存量达到设置好的2/3警报线，就会自动发出信号，呼叫调度中心指派最近的转运车马上前往处理，实现了垃圾的精准清运。保洁车上装有GPS定位系统，保洁员的位置实时可见，方便管理。垃圾清扫以机械为主，垃圾收集以车辆为主，垃圾转运以深埋式收集站为核心，每个流程都调度得井然有序，做到了垃圾不落地、臭气不外溢、渗滤液不滴漏。

（3）大数据分析优化垃圾处理全过程。通过对收集到的海量垃圾数据进行分析，以判断各地垃圾产生量、存满时间以及居民生活垃圾分类和处理特点，进一步优化系统处理过程。

5.6.2 保障措施

（1）以城市标准治理农村垃圾。按照“政府主导、城乡一体、公众参与”的原则，建立健全城乡环卫一体化的推进机制，推动城市环卫设施、技

术、服务等公共产品、公共服务向农村延伸覆盖，让辖区内 85 万农村群众享受到城市居民同样的环卫服务，加快农村环卫工作纳入城市环卫体系统一管理进程。

（2）PPP 模式引入第三方企业。各县（市、区）按照“政府购买服务+第三方治理”的路子，通过 PPP 模式，引入第三方企业，在全域开展城乡生活垃圾第三方治理工作，负责全市城乡生活垃圾的清扫、收集、中转等过程，第三方企业对所有垃圾中转站实行租赁运营，并配置转运车等必要的环卫作业设备。统筹全市各地第三方企业引入方式、特许经营权限、政府补贴费用标准及支付方式、环卫设施建设标准及收购方式，实行全市统一标准、统一模式，实现治理一个模式运作、垃圾一体化处理。

5.6.3 初步成效

一是实现了“四个转变”。垃圾治理模式由政府实施向市场运作转变，由引进的第三方企业负责建立、运行农村生活垃圾一体化处理体系；垃圾转运设施由建设中转站向设置深埋桶转变，以设置深埋桶为主，垃圾中转站为辅；垃圾处理方式由传统填埋向焚烧利用转变，全市农村生活垃圾全部由鹰潭市生活垃圾焚烧发电厂焚烧处置；环卫作业监管由人工巡查向数字化管理转变，通过建立智慧环卫管理平台，对农村环卫作业人员及设施设备全程进行数字化、智能化、精细化监督与监控。二是实现了“五个统一”。统一了特许经营模式，全市所有农村清扫保洁、垃圾收集、垃圾转运等全过程服务由一家企业负责，实现农村环境卫生“一家管”、全覆盖、无盲区；统一了规划建设标准，编制了城乡环卫一体化工作规划，对全市农村环卫设施进行统一规划；统一了设施配置标准，根据人口规模科学配置环卫作业人员和设施设备；统一了作业质量标准，对农村道路、垃圾桶（容器）、水面等保洁以及道路除尘、淤泥清理、雨后积水处理等进行标准化、精细化作业管理；统一检查考评标准，按照统一的作业考评标准，对各县（市、区）以及项目运行公司进行有效监管。三是实现了“六个提升”。提升了农村环卫作业效率，充分发挥第三方企业的专业特长，构筑起科学、合理的农村生活垃圾治理体系与运营管理体系；提升了农村环境卫生水平，农村道路、沟渠、河道变得干净整洁，乡村面貌发生了翻天覆地的变化，农村群众生活质量大幅提高；提升了农村群众卫生意识，乱扔乱倒的现象明显减少，讲究卫生、爱护环境已成为人民群众的自觉意识；提升了各级各部门全域一体意识，改变了单打独干的局面，避免了垃圾互倒、交叉污染现象；提升了各级各部门的责任意识，根据区位、地形地貌的不同而划分不同的网格，严格监督考核，实行奖优罚劣；提升了鹰潭知名度，在国内首次实现了全市农村环卫一体化，打造出了独具特色、可复制、可推广的鹰潭模式。

5.7 四川省罗江县——垃圾治理全覆盖模式

德阳市罗江县有25万人口，下辖10个镇127个村。2009年，罗江县把城乡环境综合治理工作与全域建设“中国幸福家园”相结合，在农村垃圾治理上狠下功夫，采取推行垃圾分类、建立可回收资源收购网络、收取垃圾管理费、雇佣保洁员、加强环卫设施建设等措施，探索出全域解决农村垃圾治理难题的“罗江模式”，城乡容貌明显改观。2011年1月，四川省在罗江召开农村生活垃圾处理暨建立收运机制工作现场会，罗江模式在全省推广。

5.7.1 基本做法

（1）推行垃圾分类。农户将自家垃圾初步分类，纸板、塑料等可回收物留售，厨余垃圾用来堆肥，其他不能自行处理的垃圾投放到家附近指定地点的垃圾池。保洁员后续再对垃圾池中的垃圾进行二次分类，使得垃圾分类更彻底。做好垃圾分类，一方面贩卖可回收物可为农户带来经济效益，大大鼓励农户参与垃圾分类的积极性；另一方面可实现垃圾减量化，为后续垃圾处理带来便利。

（2）建立可回收资源收购网络。罗江县回收站点设置到村。县供销社依托废品回收链，组建了再生资源回收公司。县设分拣中心、镇设收购站、村设回收点，并增设村流动回收人员，走乡串户流动收购。形成了较为完善的“县、镇、村”可回收资源收购网络。已建成百余个回收站点，村流动回收人员百余名，实现了可利用垃圾的资源化处置。

（3）缴纳管理费，实现人人参与。每人每月缴纳1元管理费，“一元钱”开创村民参与农村环境治理的先河。交了“一元钱”，村民开始主动关注起垃圾治理效果，自觉地参与到环境治理的工作中去，人人养成了讲卫生的好习惯。

（4）雇佣保洁员。全县建成了近800人的农村保洁清运队伍，实现了定人、定事，不留盲区和死角的人员全面覆盖，对全村公共场所清扫保洁和转运垃圾，极大改善农村的环境卫生。农村的环卫岗位增加了近千名农村群众就近就业，保洁员工资来源于村民缴费和部分财政支出。

（5）环卫设施全覆盖。罗江每个镇都建有1个“地埋式”垃圾中转站，环卫设施覆盖到村和户。每3~5户建1个户垃圾池，分类垃圾池覆盖到组，每组建1~2个生态处理池。全县共修建户垃圾箱达1.08万个，密度达到4.9户/个，每户居民都有地方投放垃圾。

5.7.2 保障措施

（1）制度保障和奖励措施。村里还制定了《村规民约》，约定全体村民要爱护公共环境卫生，加强村容村貌整治，共同努力建设优美村庄。各镇将日常考核

与村民监督相结合，对爱护公共环境卫生、不乱扔垃圾、不随地吐痰，做到垃圾入池，卫生整洁的家庭，评选为年度文明卫生户。通过评比活动，给村民营造出“养成好习惯，形成好风气”的浓厚氛围。

（2）资金保障。2009年以来，罗江县财政先后整合投入2158万元进行农村环卫设施设备的建设，实现了设施全覆盖。2017年又将投入400万元，用于农村垃圾治理。

（3）建立垃圾分类监督管理制度。罗江县建立健全了农村环境治理和垃圾分类网格化管理制度，形成垃圾分类监督机制，共划分为四级网格管理单元。其中，一级网格单元以县政府为主体1个，二级以行政镇为主体10个，三级以行政村为主体117个，四级以主要道路、河流、重点院落和重点景区为主体290个，每个网格单元均落实了责任人和工作职责，实现对各自辖区全方位、全覆盖、无缝管理。

5.7.3 初步成效

近年来通过垃圾分类减量回收，罗江县已基本解决了农村垃圾面源污染问题，实现了农村垃圾减量化、无害化、资源化处理。人人参与的“罗江模式”提供了一种全域解决农村垃圾治理难题的方法，形成了资金可筹集、农户可参与、运行可持续的治理经验，农村面貌得到了极大改观。垃圾治理好了，优美的生态环境、花香果甜的自然风光，为罗江吸引了周边城市甚至外省的众多游客。嗅觉灵敏的投资商也纷纷找上门来，建起了乡村酒店，租借农户家闲置的民房改建成民宿旅社，农户入股分红。农村垃圾的有效治理为罗江带来了显著的生态、经济效益。

5.8 总结

农村垃圾治理是目前改善农村人居环境最迫切的工作之一。习总书记多次强调农村环境必须整治，不管是发达地区还是欠发达地区，但标准可以有高有低。各地区可以综合区域实际情况，确定切实可行的垃圾统筹处理方案。通过总结以上各试点地区农村垃圾区域统筹处理方案，发现农村生活垃圾治理卓有成效的地区通常具有如下特点：一是政府充分重视。地方政府尤其是县级政府充分重视垃圾治理工作，在政策、资金、管理等方面提供相应支持，保障了垃圾治理工作顺利开展。二是社会专业团体和企业的参与，为垃圾治理工作提供专业的技术支持。三是村集体和村民积极参与，宣传工作到位，村级基层组织和村民的广泛参与，推进了垃圾源头减量和分类，一方面使具有资源属性的垃圾得到回收利用，另一方面缓解了垃圾末端处理压力。四是形成了符合农村特色的治理模式，充分考虑农村人口、社会、经济条件，把握农村垃圾产生的特点，选择合理的收集、收运、处理技术和方式。五是建立起可持续的保障措施，这些地方基本上建立了政府补助、村集体补贴和村民缴费为补充的经费渠道，采取了市场化、专业化的建设和运行管理模式，形成了基层组织动员村民普遍参与的乡村自治机制。

中国的农村分布比较分散，人口密度较低，农村垃圾分布较为分散，农村垃圾治理起步也比较晚，尚未形成全面治理的局面。为了实现农村垃圾全面治理和长效治理，各地区可以根据区域实际情况，从以下几方面开展工作：

（1）开展农村垃圾分类，采用简单易推广的分类方式。农村垃圾分类比较分散，收运距离较长，如果垃圾全部集中处理，收运成本比较高，地方政府难以负担。农村垃圾有机成分含量高，具有很高的资源利用潜力，而且农村地域广阔，可消纳途径多，如果提前把这些垃圾分出来，就地资源化利用，能够大大减少垃圾收运和末端处理的数量。

（2）加强垃圾治理基础设施建设。农村垃圾得不到有效收集治理的根源之一在于基础设施建设不完善。地方政府应当根据当地需要，规划垃圾收集、转运、处理设施建设，设置垃圾桶、垃圾中转站，并根据资源化利用需要和末端处理需要建设相应的处理设施。

（3）推行符合农村实际的治理模式。各地区应当根据当地自然地理条件、运输距离、社会经济条件等选择合适的治理模式。目前部分地区实行“户集、村收、镇运、县处理”的模式；也有地区采用湿垃圾就地资源化、其他垃圾集中处理模式；不方便垃圾运输的地区，如上海崇明岛，作为一个封闭的小岛，提出垃圾不出岛、就地处置的模式，对于一些偏远山村也尽量采用就地处理的模式；河南、江西等部分地区采用城乡一体化模式，城乡区域统筹治理。

（4）引入市场化机制，采用智能化、信息化管理。在地方政府财政可承受范围内，可以采用政府购买服务的形式，引进专业化环卫服务企业或团体，对农村垃圾收运、处理等提供标准化服务，提升农村垃圾治理效率。移动互联网、大数据、物联网、云平台等现代技术的出现，对垃圾信息化收运管理进行了全新定义，“互联网+环卫”成为城乡垃圾收集、转运管理新模式，以系统方法解决垃圾收运问题。这些现代化的方式和技术，可以为农村垃圾治理提供新的解决方案。

参考文献

[1] 蔡旺炜，陈俐慧，王为木，等．我国城市厨余垃圾好氧堆肥研究综述［J］．中国土壤与肥料，2014（6）：8-13.

[2] 李清飞，何新生，孙震宇，等．农村生活垃圾好氧堆肥技术探讨［J］．农机化研究，2011，33（6）：186-189.

[3] 张韩，李晖，韦萍．餐厨垃圾处理技术分析［J］．环境工程，2012（s2）：258-261.

[4] 中华人民共和国住房和城乡建设部．生活垃圾堆肥处理工程项目建设标准［M］．北京：中国计划出版社，2010.

[5] CJJ/T 52—1993，城市生活垃圾好氧静态堆肥处理技术规程［S］．1993.

[6] 农村生活垃圾处理技术规程（2016 征求意见稿）．

[7] 赵由才．生活垃圾处理与资源化技术手册［M］．北京：冶金工业出版社，2007.

[8] 束华杰．乡村有机垃圾原料配比和预处理对厌氧发酵的影响研究［D］．济南：山东大学，2016.

[9] DB 33/T 2091—2018，浙江省农村生活垃圾分类处理规范［S］. 2018.

[10] DB 64/T 701—2011，宁夏回族自治区农村生活垃圾处理技术规范［S］. 2011.

[11] 广西农村生活垃圾处理技术指引（试行）．

[12] 安徽省农村生活垃圾处理技术指南（试行）．

[13] DB34/T 2636—2016，安徽美丽乡村生活垃圾集中处理规范［S］. 2016.

[14] 海南农村沼气工程建设管理实施细则（试行）．

[15] 袁亚鹏，季祥．有机垃圾厌氧发酵沼气概述［J］．科技资讯，2011（27）：37-38.

[16] 管冬兴，楚英豪．蚯蚓堆肥用于我国农村生活垃圾处理探讨［J］．中国资源综合利用，2008，26（9）：28-30.

[17] 李新禹．城市生活垃圾热解设备与特性的研究［D］．天津：天津大学，2007.

[18] 徐昕．城市生活垃圾制备衍生燃料（RDF）工艺实验研究［D］．杭州：浙江工业大学，2010.

[19] 伍跃辉．废塑料资源化技术评估与潜在环境影响的研究［D］．哈尔滨：哈尔滨工业大学，2013.

[20] 叶明强，高博，曾毅夫，等．生活垃圾分选分类设备的选型及原理［J］．中国环保产业，2017（11）：69-72.

[21] 李延吉，张伟，宋政刚，等．高热值垃圾制备 RDF 成型特性及可行性［J］．可再生能源，2013，31（7）：116-119.

[22] 刘明华．废旧塑料资源综合利用［M］．北京：化学工业出版社，2017.

[23] 刘明华．再生资源分选利用［M］．北京：化学工业出版社，2013.

[24] 孙立．生物质热解气化原理与技术［M］．北京：化学工业出版社，2013.

[25] 李新禹．城市生活垃圾热解设备与特性的研究［D］．天津：天津大学，2007.

[26] 李志龙．我国典型村镇生活垃圾产生特征及处置模式研究［D］．南昌：南昌大学，2016.

[27] 张后虎，张毅敏．太湖流域农村生活垃圾产生现状与处置技术［C］// 中国水环境污染控制与生态修复技术学术研讨会 . 2008.

[28] 何品晶，章骅，吕凡，等. 我国小城镇生活垃圾处理的现状、基础条件与适宜模式 [J]. 农业资源与环境学报，2015（2）：116-120.

[29] 何品晶，章骅，吕凡，等. 村镇生活垃圾处理模式及技术路线探讨 [J]. 农业环境科学学报，2014，33（3）：409-414.

[30] 陈军. 农村垃圾处理模式探讨 [J]. 环境科技，2007，20（s2）：96-97.

[31] 李海莹. 北京市农村生活垃圾特点及开展垃圾分类的建议 [J]. 环境卫生工程，2008，16（2）：35-37.

[32] 孙跃跃，汪云甲. 农村固体废弃物处理现状及对策分析 [J]. 农业资源与环境学报，2007，24（4）：88-90.

[33] 武攀峰. 经济发达地区农村生活垃圾的组成及管理与处置技术研究——以江苏省宜兴市渭渎村为例 [D]. 南京：南京农业大学，2005.

[34] http：//www. hyqb. sh. cn/publish/portal0/tab1023/info8614. htm.

[35]《“十三五”全国城镇生活垃圾无害化处理设施建设规划》（发改环资〔2016〕2851号）.

[36]《生活垃圾焚烧污染控制标准》（GB 18485—2014）.

[37]《生活垃圾填埋场污染控制标准》（GB 16889—2008）.

[38] 村镇生活垃圾收集转运项目实例，http：//www. cn-hw. net/.

[39]《农村环境连片整治技术指南》（征求意见稿），2012 年 3 月.

[40] 陈仪，夏立江，于晓勇，等. 不同类型农村住户生活垃圾特征识别 [J]. 农业环境科学学报，2010，29（4）：773-778.

[41] 刘慧. 我国农村发展地域差异及类型划分 [J]. 地理与地理信息科学，2002，18（4）：71-75.

[42] 聂二旗，郑国砥，高定，等. 中国西部农村生活垃圾处理现状及对策分析 [J]. 生态与农村环境学报，2017，33（10）：882-889.

[43] 宋海军，马梦娟. 新郑市农村生活垃圾处理现状分析 [J]. 农业资源与环境学报，2013（3）：10-12.

[44] 王晓漩，杜欢，王倩倩，等. 河北省平原地区农村垃圾现状调查及处理模式探究 [J]. 绿色科技，2015（12）：215-218.

[45] 易蔓. 重庆不同类型农村生活垃圾产源特征及其堆肥化研究 [D]. 重庆：西南大学，2015.

[46] 陈蓉，单胜道，吴亚琪. 浙江省农村生活垃圾区域特征及循环利用对策 [J]. 浙江农林大学学报，2008，25（5）：644-649.

[47] 武攀峰，崔春红，周立祥，等. 农村经济相对发达地区生活垃圾的产生特征与管理模式初探——以太湖地区农村为例 [J]. 农业环境科学学报，2006，25（1）：237-243.

[48] 刘晓红，张志彬，孙英杰，等. 我国农村生活垃圾的产生特征研究 [J]. 环境科学与技术，2014（6）：129-134.

[49] 王晋，李定龙，张凤娥. 江苏省城市生活垃圾特征分析 [J]. 环境科学与管理，2005，30（6）：42-44.

[50] 曹巍. 济南市人均生活垃圾产生量分析与预测 [J]. 环境卫生工程，2015，23（4）：

12-14.
[51] 李铁松，覃发超，雷代勇，等．徐州市城市居民生活垃圾产生量研究［J］．环境卫生工程，2007，15（1）：15-17.
[52] 李晓东，陆胜勇，徐旭，等．中国生活垃圾热值的分析［J］．中国环境科学，2001，21（2）：156-160.
[53] 温俊明，吴俊锋．中国城市生活垃圾特性及焚烧处理现状［J］．上海电气技术，2009，1（2）：43-48.
[54] 黄本生，李晓红，王里奥，等．重庆市主城区生活垃圾理化性质分析及处理技术［J］．重庆大学学报（自然科学版），2003，26（9）：9-13.
[55] 唐莹．天津市生活垃圾热值测定分析［J］．环境卫生工程，2013，21（3）：26-27.
[56] 唐次来，张增强，张永涛，等．杨凌示范区生活垃圾的理化性质及处理对策研究［J］．农业环境科学学报，2006，5（5）：1365-1370.
[57] 刘晓红，张增强，胡京利，等．杨凌生活垃圾热值测定分析［J］．延安大学学报（自然科学版），2004，23（3）：48-51.
[58] 岳波，张志彬，黄启飞，等．我国 6 个典型村镇生活垃圾的理化特性研究［J］．环境工程，2014，16（7）：105-110.
[59] 刘薇．农村生活垃圾管理机制研究［D］．秦皇岛：燕山大学，2016.
[60] 薛乾林．我国农村生活垃圾污染环境防治的法律对策研究［D］．兰州：甘肃政法学院，2017.
[61] 俞泉峰．农村生活垃圾污染问题法律研究［D］．兰州：兰州大学，2014.
[62] 李明华，俞佳英，俞光荣．农村生活垃圾污染整治的法律问题及对策研究——以浙江省为例［J］．山东农业科学，2013，45（12）：126-130.
[63] 张哲，刘融，张冰洋．论我国农村生活垃圾处理问题的对策——基于中日垃圾处理之比较［J］．安徽农业科学，2012，40（10）：6125-6127.
[64] 徐滕，王美月，高天．关于农村垃圾管理的法律保障探析［J］．中国农业信息，2013（19）：133-134.
[65] 崔璨．我国农村生活垃圾处理法律制度的研究［D］．郑州：郑州大学，2016.
[66] 程宇航．发达国家的农村垃圾处理［J］．老区建设，2011（5）：55-57.
[67] 湖南省住房和城乡建设厅等九部门关于印发《湖南省农村生活垃圾治理考核验收办法》的通知，湘建村〔2016〕208 号．
[68]《关于发布〈农村生活污染防治技术政策〉的通知》（环发〔2010〕20 号）．
[69]《全国农村环境连片整治工作指南（试行）》．
[70]《国务院办公厅转发环保总局等部门关于加强农村环境保护工作意见的通知》（国办发〔2007〕63 号）．
[71]《国务院办公厅转发环境保护部等部门关于实行“以奖促治”加快解决突出的农村环境问题实施方案的通知》（国办发〔2009〕11 号）．
[72]《关于印发〈中央农村环境保护专项资金环境综合整治项目管理暂行办法〉的通知》（环发〔2009〕48 号）．
[73]《关于印发〈中央农村环境保护专项资金管理暂行办法〉的通知》（财建〔2009〕165

号）.
[74]《安徽省农村环境连片整治示范资金管理暂行办法》.
[75]《安徽省农村环境连片整治示范项目技术指南》.
[76] 中华人民共和国住房和城乡建设部,《住建部关于推广浙江省金华市农村垃圾分类和资源化利用经验的通知》, 2016. 12.
[77] 孙吉晶，陈云松，袁信禄. 宁波：宁海农村垃圾分类开启“智”时代[EB/OL].[2017-12-29]. http://zj. people. com. cn/n2/2017/1207/c186327-31005507. html.
[78] 浙江省宁海县农村工作办公室，宁海县农村生活垃圾治理管理水平有效提升[EB/OL].[2017-4-26]. http://www. zgmlxc. com/news/details/390. html.
[79] 何峰，贾红军，吴冰. 宁海农村年底实现生活垃圾分类全覆盖[EB/OL].[2017-8-7]. http://zj. people. com. cn/n2/2017/0807/c186938-30576942. html.
[80] 宁波日报. 宁海：农村生活垃圾处理走上可持续之路[EB/OL].[2016-8-31]. http://huanbao. bjx. com. cn/news/20160831/768404. shtml.
[81] 李世超. 垃圾分类循环利用 安吉农村生活垃圾分类处理全覆盖[EB/OL].[2018-2-12]. https://zj. zjol. com. cn/news/871534. html.
[82] 鲍蔓华，朱敏，黄刚. 浙江安吉县政协开展“城乡生活垃圾分类处理”专项集体民主监督[EB/OL].[2018-5-30]. http://www. cppcc. gov. cn/zxww/2018/05/30/ARTI1527641679987982. shtml.
[83] 蒋晓宇，冯云丽，温威. 农村生活垃圾治理的“南乐经验[EB/OL].[2017-7-29]. http://www. cn-hw. net/html/china/201707/59145. html.
[84] 郁文艳，许聪. 崇明全面推生活垃圾分类 打造农村生活垃圾分类示范区[EB/OL].[2017-12-29]. http://sh. sina. com. cn/news/m/2017-11-18/detail-ifynwxum3724478. shtml.
[85] 茅冠隽. 生活垃圾定时定点投放新模式在农村行得通吗？崇明这个村的探索有点“潮”[EB/OL].[2018-6-19]. https://www. jfdaily. com/news/detail? id=93511.
[86] 朱竞华. 崇明生活垃圾分类，告别“试点”迈向“全覆盖”！[EB/OL].[2018-1-19]. http://city. eastday. com/gk/20180119/u1ai11158782. html.
[87] 祝学庆，徐卫华. 鹰潭：智慧新城创造城乡洁净生活[EB/OL].[2017-10-16]. http://jx. people. com. cn/n2/2017/1016/c359073-30834354. html.
[88] 胡晓军，马荣瑞，徐卫华.“互联网+环卫”让垃圾处理的效率倍增[EB/OL].[2018-4-9]. http://news. gmw. cn/2018-04/09/content_28252303. html.
[89] 潘少军，郭钦明. 垃圾桶“会说话”江西鹰潭市构建智慧环卫系统[EB/OL].[2018-5-26]. http://www. jx. xinhuanet. com/2018-05/26/c_1122891379. html.
[90] 鹰潭日报. 鹰潭市城乡生活垃圾一体化处理 PPP 项目初见成效[EB/OL].[2017-9-27]. http://www. ytdpc. gov. cn/fzggzl/dcyj/201709/t20170930_439503. html.
[91] 田晓明，赵秀芹. 四川“罗江模式”破解农村垃圾治理难题[EB/OL].[2017-1-19]. http://www. cn-hw. net/html/china/201701/56700. html.
[92] 宋豪新. 四川罗江探索农村环境治理新路径 垃圾无害化，村里不比城里差[EB/OL].[2018-1-15]. http://paper. people. com. cn/rmrb/html/2018-01/15/nw. D110000renmrb_20180115_1-06. html.